JN109850

最新 鉄鋼業界大研究［第2版］

一柳朋紀［著］

はじめに

わが国の鉄鋼業は出荷額（国内向け、輸出向けを合わせた製造品出荷額）が19兆円、雇用数が22万人に達する一大産業だ。これは高炉・電炉など鉄鋼メーカーや鉄鋼シャースリット業、鉄スクラップ加工処理業に限ったものであり、鉄鋼関連の商社・流通など卸売業を含めると、経済規模はさらに広がる。これは政府の工業統計調査に基づく数字（２０１９年調査）だが、製造業全体の製造品出荷額は３３０兆円。その中で19兆円を占める鉄鋼業は、産業別で見ると5番目の位置づけ。１位は自動車メーカーを主体とする輸送用機械器具製造業で70兆円。２位が化学工業と食料品製造業の30兆円、４位が産業機械の22兆円で、それに次ぐ5位が鉄鋼業となる。

別の統計データとして貿易統計（対世界主要輸出品額の推移）を見てみよう。資源を持たないわが国にとって、外貨を獲得する代表的産業の１つであることが分かる。鉄鋼輸出額はおよそ年3兆円程度で、２０１１年から14年までは自動車に次ぐ2位。15年は自動車、半導体等電子部品に次ぐ3位となり、16年から19年までは自動車、半導体等電子部品、自動車の部品に次ぐ4位となっている。

仕事柄、わが国の業界関係者のみならず、海外の鉄鋼業界関係者と話をする機会が少なくない。そこでは「日本の鉄鋼メーカーの技術支援のおかげで今日の自分たちがある。指導してくれた〝兄さん〟に感謝している」という話を聞くし「つくり込みの技術が素晴らしく、品質が優れている。エネルギー効率が世界平均より2割高く、世界一。学ぶことが多い」という賞賛を耳にする。

本書の中では紙面に限りがあって詳しく触れることができなかったが、鉄という物質が持つ特徴について、いくつか説明したい。

第一は「地球は鉄でできた惑星」ということ。重量ベースで鉄は地球の約35％を占め、すべての元素の中でトップだ。

第二は「鉄は変幻自在」ということ。普通、物質は固体から液体、液体から気体に変わるときに結晶構造が変化する。ところが鉄は、固体の状態のままでも温度が変わるだけで結晶構造が変わる。こういう性質は鉄だけが持っている。

第三は「磁石にくっつく」こと。常温で強磁性があるのは鉄とニッケルとコバルトだけ。ただニッケルとコバルトは存在する量が非常に少ないので高価。たとえば変圧器やモーターなどで磁性のある材料を使おうとしたら、現実的な選択としては鉄しかないだろう。

第四は「切断や溶接など加工が容易」なこと。工業製品として広く使われるには、加工のしやすさがポイントになる。金属の中でガス切断（溶断）ができるのは鉄だけである。さらに鉄は酸化すると融点が低くなる性質を持っているが、ほかの金属は酸化すると融点が高くなる。たとえば列車や車が事故にあって中に閉じ込められたとして、それがアルミの車だったら、外からガスバーナをあてるとどんどん固くなって切れなくなる。一方、鉄板の車なら容易に切ることができる。以前、アルミ合金製の列車が転覆して、運転手をなかなか救出できない事例もあった。

第五は「鉄は他の元素と結びつく優れた親和性を持つ」こと。鉄にちょっと他の物質を混ぜればいろいろなものができる。鉄とタンパク質が結びついたのがヘモグロビン。赤血球の３分の２は水分だが、残りの成分のうち97％はヘモグロビンだ。

われわれ哺乳類は酸素の運搬者（キャリア）として鉄を選んだ。ヘモグロビンの中にある鉄に、酸素がくっついている。だから酸化鉄で血は赤い。カニやエビ、イカ、タコは銅を選んだ。だから彼らの体液は青く、緑青色となっている。

そうして考えてみると、人類が鉄を広く使うのは歴史の必然だったように思えるし、今後もそれは変わらないのではないか。さらにリサイクル性などにも優れており、製造業における基礎資材として盤石な地位を占めている。

鉄は地球に豊富にあるが、鉄鉱石の形で存在するそれらはすべて「酸化鉄」だ。鉄鉱石を採掘し、それを純鉄に近いものにして、さまざまな形にして世の中に提供するのが鉄鋼業の役割と言える。酸化鉄を純鉄にする際には「炭素」を使って、酸素と炭素を結びつけて一酸化炭素や二酸化炭素を出し、鉄が残るようにしている。このプロセスの宿命上、高炉業からのCO_2排出量を大幅に減らすのが難しいのも現実問題としてはある。日本は年14億トン程度のCO_2を排出し、このうち２億トンは鉄鋼業によるものだ。パリ協定において、日本は２０３０年に２０１３年度比で26％のCO_2削減が目標。鉄鋼業界は、ある前提のもとで05年度比９００万トンのCO_2排出削減目標を掲げている。

２０２０年は、脱炭素化社会に向けた機運が世界中で急速に高まりを見せた年となった。日本でも菅首相が２０５０年までにカーボン・ニュートラルを目指すと宣言。日本鉄鋼業界では、すでにゼロカーボン・スチールを目指す方向性を打ち出しているが、２０５０年の実用化となるとハードルは高い。カーボン（CO_2）排出量を抜本的に減らすには石炭の替わりに水素を使うしかない。水素製鉄法は日本の鉄鋼業界が世界に先駆けて研究に取り組んできたが、実用化されていない。今後の開発には膨大なコストがかかる。水素を使うと高炉内の温度が下がり、鉄鉱石を溶かすための高温を保ちにくくなる。加えて水素インフラの問題もある。業界内の試算では、国内の高炉での生産（年７５００万トン）をすべて水素製鉄に置き換えるには年７００万トンの水素が必要。日本で取引されている水素量は17年時点で２００トンに過ぎず、水素を安価に調達できるインフラ整備が必要だ。CO_2の回収・貯留（ＣＣＳ）やその再利用（ＣＣＵＳ）技術が確立すれば、現行の高炉法を生かせることになるが、実現に向けた技術の壁は高い。高炉による世界の鉄鋼生産量の4分の3は東アジア勢が占めており、今後は日中韓による「ゼロカーボンスチールの開発競争」が激しくなりそうだ。

「われわれは、鉄の持つ特性のうち、まだ2割しか利用していない」。鉄の技術者からは、そうした指摘もある。まだまだポテンシャルを秘めた「鉄」と「鉄鋼業」の大いなる魅力を伝えることができれば幸いだと思っている。

２０２1年1月

一柳朋紀

目次

Chapter 1

鉄鋼業界の最新動向

Chapter 2

海外鉄鋼業と日本

Chapter 3

鉄鋼製品ができるまで

Chapter 4

鉄鋼製品の流通販売

Chapter 5

鉄鋼業界の主要企業〜鉄鋼メーカーの現状と最新動向を探る〜

Chapter 6 鉄鋼業界の注目企業

Chapter 7 鉄鋼業界の仕事人たち

Chapter 8
鉄鋼業界に入るには～採用最前線～

Chapter 9

鉄鋼業界の歴史を知る

企画協力：㈱鉄鋼新聞社
カバーデザイン：内山絵美（㈲釣巻デザイン室）
本文デザイン：野中賢（㈱システムタンク）

Chapter1

鉄鋼業界の最新動向

鉄鉱石と石炭を輸入して、鋼材をつくるのが高炉メーカー

普段の生活で鉄を意識することは少ないかもしれない。ただ、自動車、電気製品、高層ビル、橋など鉄のない生活は考えられない。そうした鉄鋼消費量の多寡は経済全体の動向と極めて密接に関連し、1人当たりの鉄鋼消費量は1人当たりのGDP（国内総生産）に比例するとも言われる。

われわれの住む、この地球こそが鉄でできている。地球全重量の約30％は鉄であり、地表から容易に掘り出せる埋蔵量だけでも約2320億トンと他の金属に比べて桁違いに多い。ちなみに2位はアルミニウムの原料となるボーキサイトで280億トンと8分の1。3位以下は銅の6億トン、4位は亜鉛の3・3億トン。そのほかの金属では鉛が1・2億トン、ニッケルが1・1億トンにすぎず、鉄はそれほど普遍的で安価な金属と言える。

安価に加え、強くて丈夫で加工しやすい、さらには再利用（リサイクル）しやすいからこそ、長きにわたって素材の中心であり続けているのが特徴である。

鉄分を含んだ鉱石（鉄鉱石）と、鉄鉱石から酸素を分離して純度を高めるための還元材である石炭（原料炭）。この2つが鉄の主原料だ。このほかにクロムやニッケル、マンガンなど、鉄をつくるにあたって成分調整をするために使われる「副原料」と呼ばれる資源も必要になる。

原料は豪州やブラジルなどから巨大な専用船で運び込まれる。それを1大コンビナートとなる広大な

高炉メーカーの象徴である高炉設備　写真提供：JFEスチール（株）

製鉄所において高温で溶かし、炭素などを取り除いたうえで、鋼板や条鋼などの「鋼材」を生産するのが鉄鋼メーカーだ。

鉄鋼メーカーには高炉と電炉の2種類がある

鉄鋼メーカーは、あとの項で詳しく説明するが大きく2つに分類できる。1つは高炉メーカーで、もう1つは電炉メーカー。わが国の鉄の8割近くを生産するのが高炉メーカーで銑鋼一貫メーカーとも呼ばれる。現在、日本の高炉メーカーは日本製鉄、JFEスチール、神戸製鋼所の3社となる。

高炉とは設備の名称で、溶鉱炉とも呼ばれる。昔の鉄鋼生産で使われていた平炉と比べて背が高く、100メートル強あるので、高炉と言う。

もう一方の電炉メーカーは、解体された建物や使用済みの冷蔵庫や廃車などから発生する鉄スクラップ（昔は鉄屑と呼ばれた）から鋼材を生産する。電気で溶かすから電炉メーカーで、コストに占める電気代の比率が高い。

電炉メーカーには、生産する鋼材の種類によって普通鋼電炉メーカー、特殊鋼電炉メーカー、ステンレスメーカーなどがある。

話が複雑になるので簡単な説明にとどめるが、特殊鋼メーカーやステンレスメーカーがすべて電炉メーカーなわけではない。高炉メーカーも特殊鋼やステンレスを製造している。特殊鋼を最も多く生産している国内メーカーは日本製鉄になる。

ただ便宜上、特殊鋼メーカーと言う場合には、特殊鋼専業メーカーや特殊鋼電炉メーカーを指すことが多い。

裾野が広い産業で〝鉄は産業のコメ〟と言われる

鉄鋼業は裾野が広い産業だ。素材産業だが、最終製品に近いところまで生産するケースもあるし、中には、鉄道に使われる車輪や台車など、最終製品そのものをつくっている場合もある。

巨大な装置産業としての宿命を負っていて、設備投資額は巨額になる。高炉を新設するには1000億円ぐらいかかるし、亜鉛めっきラインを新設するのに400億円くらいかかる。1つの設備への投資額が、自動車メーカーが工場全体を1つつくるのとほぼ同規模の場合も少なくない。

大型製鉄所を新設しようとすれば、全部で数千億円から1兆円規模のお金がかかる。土地取得代金や、原料運搬のための大型船を受け入れる港湾整備、水や電気などのインフラ整備も必要。それらを含めた1トン当たりの建設コストは10万円前後に達し、投資資金回収は20年、30年単位で考える必要がある。

製造設備に多額の資金がかかるため、鉄鉱石や石炭といった鉄鋼原料の海外における権益取得は、大手商社の資金力を活用している。三菱商事や三井物産といった総合商社が代表的だが、鉄鋼メーカーと組むような形で海外鉱山への資源投資を行い、資源のない日本のハンディを克服してきた歴史がある。

鉄の販売面でも商社のはたしている機能や役割がある。鉄鋼メーカーが直接、個別ユーザーに販売するケースはあまり多くない。

一次商と呼ばれる鉄鋼商社が鉄鋼メーカーから鋼

材を仕入れ、国内外の幅広い需要家に対して鋼材を販売し、製品をデリバリー（輸送して納入）する。商社は鉄鋼メーカーに対してすぐに仕入れ代金を支払い、ユーザーに対しては3カ月間など一定の猶予期間（ユーザンス）後に資金回収する。これが商社金融という仕組みだ。

鉄鋼メーカーと鉄鋼商社が役割を分担して、日本の鉄をつくり、販売している構図が見える。また、一部の電炉メーカーなどで過去に経営不振があって倒産の危機に瀕したメーカーを、総合商社が出資支援してきたケースも少なくない。

先ほどの原料の話で言えば、鉄鉱石と石炭は輸入に頼っているため、それらを日本の製鉄所まで搬入するには専用船が必要だ。

高炉メーカーの製品物流は海上輸送が主体であることから、海運・陸運の物流業界とも密接に結びついている。鉄は重量物であり、どう運ぶかは重要。鉄鋼業は物流業とも言われるゆえんだ。

また電炉メーカーの主原料となる鉄スクラップ業界（鉄リサイクル業）とも大きな接点があるし、巨大な製鉄設備を生産販売する製鉄プラントメーカーなどエンジニアリング企業も大事な取引先だ。

ユーザーに鋼材が届く過程で鋼材を加工するコイルセンターや厚板シャーリング業、在庫して販売する問屋（特約店とも言われる）、建設向け鋼材の加工を担う鉄骨・ファブリケーター業界、工事現場に鉄鋼資材を供給する重仮設・軽仮設リース業界など、鉄鋼サプライチェーンを構成する業界は多岐にわたる。

鉄のサプライチェーンの太さや広さが鉄鋼業の奥深さや懐の深さを物語っており、需要分野の広さや雇用への影響などからも「鉄は産業のコメ」「鉄は国家なり」と言われてきた歴史がある。

ものづくり産業（製造業）においては、素材の性能が、最終製品の特性を大きく左右する。重要部品に使われる鉄の性能が、自動車や飛行機、建設機械、発電機の特性や安全性などに大きく影響することなどが一例だ。そうした意味でも、日本製造業さらには世界製造業の中で、鉄鋼業は重要な役割を担っていると言えるだろう。

2 日本鉄鋼業は世界で何番目の大きさか？

鉄鋼生産量は世界3位、消費量では4位

日本は世界で3番目に鉄鋼生産が多い国だ。世界全体の粗鋼生産量が18億7000万トン（2019年実績）で、1位の中国が圧倒的に多くてほぼ半分（9億9600万トン）。2位がインドで1億1100万トン。3位が日本で9900万トン。ちなみに4位が米国で8800万トンとなっている。2017年までは日本が中国に次ぐ2位だったが、2018年からインドに抜かれて3位となっている。

一方で生産量ではなく、鉄を使う量で見るとどうか？ 鉄鋼需要の大きさを示す鋼材消費量の国別ランキングでは、日本は世界4位となっている。日本の鋼材消費量はここ数年、年間6000万～6500万トンの水準で推移。2019年は6320万トンだった。

過去のピークはバブル経済のときの1990年度で、9400万トンあった。それに比べると今は3分の2の規模に縮小しているが、それでも世界4位の消費量を誇る。

ちなみに鋼材消費量の1位は中国で9億700万トン（2019年実績）。2位はインドで1億100万トン（同）、3位は米国で9770万トン（同）となっている。

日本の国内需要は、少子高齢化に伴い、今後は漸減傾向になると見られる。年度ベースの統計によれば、19年度（20年3月期）の国内鋼材消費量は、5886万トンだったと高炉メーカー（日本製鉄のIR資料）が推計している。前年の18年度（6232

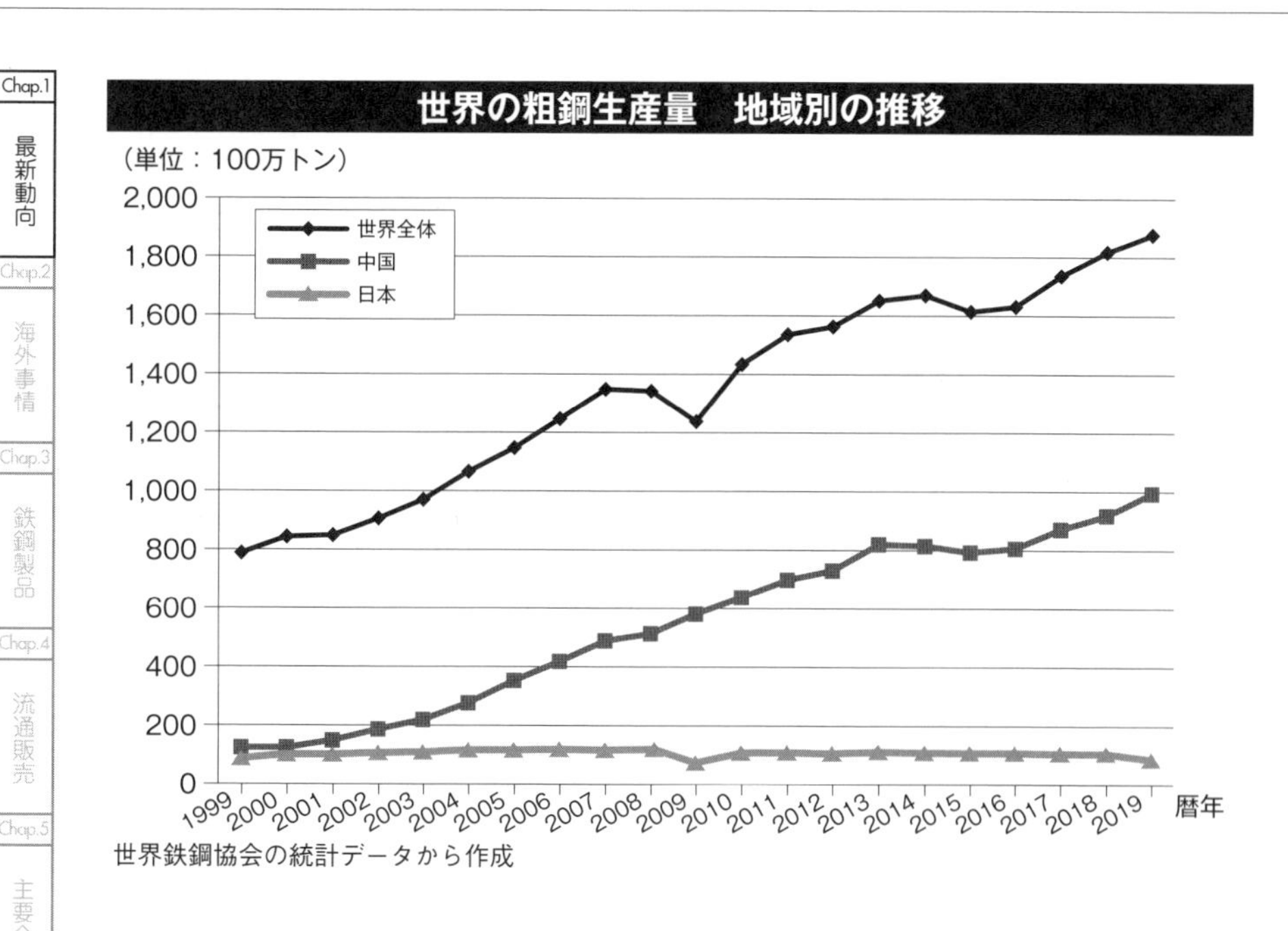

世界鉄鋼協会の統計データから作成

万トン）比で５・５％減であり、５０００万トン台となったのは、リーマンショック後の09年度以来10年ぶりのこと。

５８８６万トンの内訳は、普通鋼が４７１６万トンで、特殊鋼が１１７０万トン。年度末にかけて自動車向けの比率が高い特殊鋼需要に大きくブレーキがかかった。製造業比率は63・８％と、18年度（64・７％）比で低下した。

普通鋼をとりだして分野別で見ると、建設向けが２０４２万トン、製造業向けが２６７４万トン。製造業の中では①造船３８７万トン②自動車１０９８万トン③産業機械４７２万トン④電気機械２８９万トン——だった。

過去の国内鋼材消費量を振り返ると、ピークは先ほど述べた90年度の９４００万トン。ここ10年間ほどを振り返ると、リーマンショック直前の07年度が７９５１万トンと直近のピーク。翌08年度が６９７２万トン、09年度が５７１２万トン、10年度が６０３２万トンと推移した後、11年度以降は６１００万～６５００万トンの範囲で推移してきた。

3 鉄鋼メーカーの再編続く〈高炉〉

2002年にJFEが発足、国内2大メーカー時代に

日本鉄鋼業の歩みはメーカー再編統合の歴史とも言える。1970年（昭和45年）、米国、ソ連に次ぐ世界3位の鉄鋼大国になっていた日本で、国内1位の八幡製鉄と2位の富士製鉄が合併。わが国最大の売上高を誇る製造業企業となる「新日本製鉄（現日本製鉄）」が発足した。

日本全体の鉄鋼生産量を示す粗鋼生産量は、新日本製鉄発足3年後の1973年度に20世紀ピークの1億2001万トンを記録。その後は漸減傾向が続き、98年度には73年度以降で最低となる9097万トンまで落ち込んだ。

バブル崩壊後の平成不況が長引く中で、不良債権問題に端を発した金融の混乱などもあって需要減退やデフレスパイラルが鉄鋼業を直撃。危機感や不安感が安値競争の激化を招く悪循環が続いた。

鋼材価格は大きく落ち込み、2000年前後にはピーク時に比べて4分の1にまで下落。自動車など大手ユーザーも鋼材調達先について選別、集約の動きを強める。日産のゴーン・ショックと言われた鉄鋼メーカーの絞り込み戦略などが象徴となる。

「このままでは鉄鋼業界は立ち直れない。新日鉄に並ぶ大きな勢力が必要なときが来た」。江本寛治川崎製鉄社長（当時）は業界2位、NKKの下垣内洋一社長（当時）に経営統合による一大再編計画を打ち明ける。下垣内社長が同意し、2年半にわたる統合交渉を経て2002年9月に持ち株会社「JFEホールディングス」が発足した。

翌２００３年4月、粗鋼生産２７００万トンの一大鉄鋼メーカー「ＪＦＥスチール」が発足し、新日鉄、ＪＦＥスチールの2大メーカー時代を迎えた。

同じ頃、株価低迷など経営体力悪化に苦しむ住友金属工業は、新日鉄と相互競争力強化に関する提携を締結。相互出資やステンレス鋼板事業の合弁会社設立など連携策を相次ぎ実施した。

当時、相次ぐ買収策で世界最大の鉄鋼メーカーとなっていたアルセロール・ミッタルからの買収防衛策をめぐって、新日鉄、住友金属に神戸製鋼を加えた3社はアライアンス関係を強めることになった。

２０１２年、１位・３位の合併で新日鉄住金が誕生

足かけ10年におよぶ新日鉄と住友金属の関係に変化が見られたのは２０１１年の秋。両社首脳が「そろそろ」と極秘に経営統合に向けた話し合いを始めた。下妻博住友金属工業会長（当時）は「5年先、10年先の自社名に固執している状況ではない。世界に誇れる製鉄現場を残すことが優先だ」と考えた。

下妻氏は「１９８０年代に日本鉄鋼業界は米国に進出し、その多くが撤収した。当時は撤収できる体力があった。しかし今はインドやブラジルなどに事業進出しているが、撤収するようなことになれば会社の存続にかかわる。国内のメーカーとも競いながら国外でも競う時代の決断だ」と時代の変化を受け止め、大きな決断を下した。

２０１２年10月、2社合併で粗鋼生産４５００万トン規模の新日鉄住金が発足した。

両社の社風や仕事の進め方は似通っていたわけではない。ただ、２００２年に提携で合意して以来の10年間で、鉄源（鉄鋼半製品）の融通に加えて、合弁会社として新日鉄住金ステンレス、日鉄住金溶接工業、日鉄住金ロールズ、日鉄住金建材、日鉄住金鋼板、住金日鉄ステンレス鋼管と国内では6社を立ち上げた。

その取り組みの中で「背を向けるようなことが起きずに、信頼関係を積み重ねていけた」（新日鉄、住金の幹部）ことに加え、業績面でも提携の効果を発揮したことが大きかった。

両社双方にとって、統合相手はどこでもよかったわけではない。お互いの持つ得意分野の重なりが少なく、シナジー効果が発揮しやすい組み合わせだと相互が認識。「新会社のあり姿として、いろいろな絵が描ける最適な組み合わせ」になったと言える。

新日鉄住金発足後の粗鋼生産量は、2013年度が4566万トン（全国シェア41・0％）、14年度が4495万トン（同40・9％）、15年度が4217万トン（同40・5％）、16年度4262万トン（同40・5％）と全国シェア4割強で推移した。

2020年、日本製鉄が日鉄日新製鋼を吸収合併、高炉メーカーは3社に

2016年2月、日本高炉メーカー4社の中で、4位ながら表面処理鋼板やステンレスに特徴を持っている日新製鋼が新日鉄住金の子会社になることで両社が合意した。

日新製鋼は、巨額資金を要する高炉設備の維持更新費用などを将来にわたって自社で賄う経営体力維持が難しいと判断した。日新製鋼には従来から新日鉄住金が8・3％出資しており、過去に社長を派遣したこともある間柄だった。

2017年3月、新日鉄住金が日新製鋼の株式を株式公開買い付け（TOB）により追加取得。議決権ベースの出資比率は、買い付け前の8・3％から51％に上昇し、日新製鋼は3月13日付けで新日鉄住金の連結子会社になり、日鉄日新製鋼と社名を変えた。なお、このときの株式取得価額は約760億円だった。

2020年4月、日本製鉄が子会社の日鉄日新製鋼を吸収合併し、日本の高炉メーカーは日本製鉄、JFEスチール、神戸製鋼所の3社体制となった。

トップメーカーである日本製鉄の粗鋼生産能力は、日鉄日新製鋼と合併したことにより単独ベースで5000万トン近くになった。4半期（3カ月）で1100万～1200万トンの生産能力を保有している。単独の生産能力に加え、日鉄ステンレス、山陽特殊製鋼、大阪製鉄、合同製鉄、トピー工業などグループ会社を加えた日鉄グループ全体では、国内で5000万トンを超える生産能力を持っている。

粗鋼生産量のメーカー別全国シェア（2019年度）

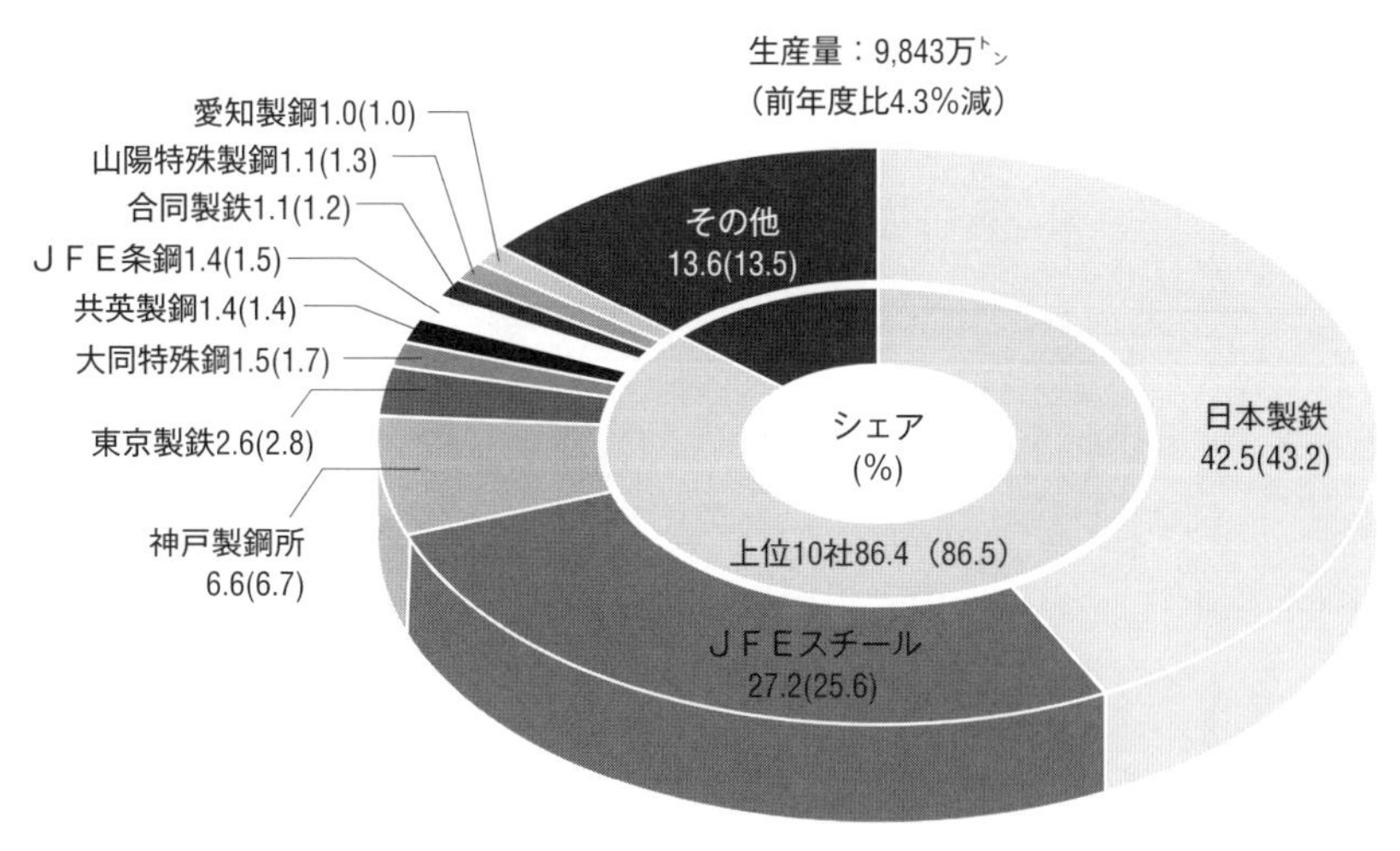

※単独ベース（日本製鉄は旧日鉄日新製鋼を含む）カッコ内は前年度シェア

今後、さらなる国内鉄鋼メーカーの再編統合は起こりうるのだろうか。

もちろん可能性は大いにあるだろう。また、それぞれの企業が国内の生産能力を絞り込み、海外の生産能力を増やす動きが強まるだろう。日本製鉄がアルセロール・ミッタル社と共同で、インドのエッサール社（買収後の社名はＡＭ／ＮＳインディア社）を買収した案件が象徴的だ。

日本製鉄の橋本英二社長は、筆者のインタビューに対し「日本の内需が今は６０００万トン前後で、それが減っていく見通しの中で、当社グループが５０００万トンを超える規模の粗鋼能力を維持することが現実的かどうか。仮に国内粗鋼生産量を維持するとすれば今よりも輸出を増やすしかないが、各国の自国産化の流れを考えるとそれ（今より輸出を増やすこと）が成り立つのか。つまり、国内の生産能力の適正化を進めていく必要がある。設備能力を適正化し、コスト構造を強くしていくように手を打つ必要がある」と語っている。

4 鉄鋼メーカーの再編続く〈電炉〉

鉄筋棒鋼を生産する電炉。需要減で企業数が減少

高炉メーカーよりは生産量が少ないが、電炉メーカーは数が多く、全国鉄鋼生産の3割弱、約3000万トンを生産している。地域に密着した産業として、雇用を確保するとともに、原料である鉄スクラップの調達、製品の製造販売等を通じ地域経済を支えている。建築物の解体現場や鋼材加工工場の加工の端切れから発生する鉄スクラップ（鉄くず）を回収業者から購入し、電気炉と呼ばれる炉で溶かし、圧延設備で鋼材に再生する企業を電炉メーカーと呼ぶ。

製造する品種によっていくつかに分類される。鉄筋用の異形棒鋼を主に生産する「普通鋼電炉メーカー」、自動車部品や建機などに使われる特殊鋼を専門に生産する「特殊鋼電炉メーカー」、ステンレス鋼板などを生産する「ステンレス専業メーカー」などがある。

わが国の普通鋼電炉メーカーは全国に約40社あり、その事業所数は約55事業所で広く全国各地に分布している。鋼板も製造する東京製鉄、海外製造拠点を多く持つ大和工業のほか、業界団体である普通鋼電炉工業会に加盟している27社が主要企業だ。

普通鋼電炉メーカーは再編統合を繰り返して、企業数が集約されてきた。鉄筋は建設現場で多く使われるため、国内建設需要の減少に伴って、鉄筋の需要が減ってきている。

最近では鉄筋工の人手不足により、鉄筋コンクリート造（RC造）から鉄骨造（S造）へのシフト

も見られる。建物に鉄が使われることに変わりはないが、鉄筋が減ってH形鋼（断面がH形の形鋼）などが増える傾向があり、電炉メーカーには逆風が吹いている面がある。

普通鋼電炉メーカー企業は「高炉系」「独立系（オーナー系）」「商社系」などに分類できる。「高炉系」とは日本製鉄やJFEスチールなど高炉メーカーが主要株主になっている企業。大阪製鉄や合同製鉄、JFE条鋼などがこれにあたる。「独立系」とはオーナー系とも呼ばれ、東京製鉄や大和工業などがこれにあたる。

また、生産品種の切り口から見ると、平鋼主体の新関西製鉄や王子製鉄があるほか、厚板専業の中部鋼板もある。

商社系が大幅に減少、オーナー系も再編始まる

「商社系」は数がどんどん減ってきている。商社系企業が再編統合によって高炉系に組み込まれ、高炉系がシェア拡大してきたのが普通鋼電炉業界の再編の歩みとも言える。

鉄鋼商社のメタルワンは九州地区でトーカイ、九州製鋼といった電炉メーカーを経営していたが、日本製鉄系の合同製鉄との間で再編統合を行って主体的な経営から手を引いた。現在メタルワンは、平鋼メーカーである新関西製鉄の筆頭株主だが、出資比率は2割を下回っており、自社の事業会社という位置づけではなくなっている。

また三井物産はかつて東京鋼鉄を経営していたが、今は日本製鉄系である大阪製鉄の子会社となっている。

最近の統合再編の動きでは、東京鉄鋼と伊藤製鉄所が資本提携を行った。両社は関東地区において小棒共同販売会社である東京デーバー販売を、東北地区において小棒共同販売会社である東北デーバースチールを設立し、販売を一体化した。

また、合同製鉄は朝日工業をTOBで子会社化した。そのうえで、合同製鉄は朝日工業と関東地区における鉄筋棒鋼の販売部門を統合した共同販売会社、関東デーバースチールを19年10月1日に設立した。

関東デーバースチールの発足により、関東地区でのベースサイズ小棒（鉄筋棒鋼）業界は、東京鉄鋼と伊藤製鉄所による東京デーバー販売、JFE条鋼をあわせた3グループ体制となっている。

合同製鉄が朝日工業を子会社化した再編について、マーケットでは「如実に価格に影響があった」との声が多く出た。19年は鉄スクラップが1万2000円ほど下落した年だった、その間の関東地区における鉄筋棒鋼の下落幅は5000〜6000円にとどまった。従来ならば鉄スクラップ価格に連動した幅で、あるいはそれ以上の幅で鉄筋棒鋼の販売価格が下がるケースが多かった。

鉄筋メーカーと、その販売先であるゼネコン（総合建設業者）とのパワーバランスは、今でも圧倒的にゼネコンが強い関係に変わりはない。それでも以前と比べればバランスが変わっているのではないか。それは業界再編によって、構造的にプレーヤーが減った要因が小さくないと言えよう。

電炉の再編による生産集約
鉄スクラップ高招くデメリットも

普通鋼電炉メーカーは高炉メーカーなどに比べて稼働率が低い。電気代が安い夜間・休日操業をしているところが多く、電炉稼働率は6〜7割にとどまる。

将来的には、企業や設備のさらなる集約が進んで設備稼働率を高めるのが理想的だが、一般的には他社と差別化しにくい製品が多く、地域密着型の生産出荷になるため、再編統合で規模のメリットが出しにくい。電炉の生産を増やそうとすると、原料の鉄スクラップをたくさん集める必要があり、逆に鉄スクラップ単価が高くなるジレンマもある。

とは言え、JFEスチール系4社が経営統合して2012年4月に発足したJFE条鋼は条鋼・形鋼では国内最大メーカーとなり、管理間接部門の合理化などで統合のメリットを実現している。2012年3月期決算は旧4社とも最終赤字だったが、合併会社は黒字決算を続けている。同一地域内で複数の工場を保有していれば、生産の最適化や輸送面の工夫でコスト削減の余地が生じる。

なんといっても、普通鋼電炉メーカー関係者の間では、鉄筋棒鋼の将来的な内需縮小に対する強い危機感がある。その危機感が再編をあと押しするだろう。

小形棒鋼の生産量はピークの1990年度が1573万トンだったが、2018年度は864万トンとほぼ半減している。鉄筋棒鋼の需要の裏づけとなる鉄筋コンクリート造（RC造）の建築着工床面積を見ても、1990年度の5772万平方メートルから2019年度は2270万平方メートルと半分以下に縮小している。

今後も鉄筋棒鋼メーカー中心に電炉再編は続くだろう。昼間と夜間の電気料金格差がどうなるのか、原子力発電の動向を踏まえて電気料金の国際競争力がどうなるのか。他社と差別化できる高級鋼の生産が可能になるのか。

そのための技術のブレークスルーはありえるのか。いくつかの点に注視しながら、普通鋼電炉メーカーの再編を占う必要がありそうだ。特に多くの電炉メーカーに出資する日本製鉄の系列電炉政策が1つのカギになりそうだ。

海外展開強化も将来の選択肢 オーナー系に続き高炉系が意欲

電炉メーカーの海外展開にも注目していく必要がある。現在、海外事業を手掛けている普通鋼電炉メーカーは主に大和工業、共英製鋼、大阪製鉄の計3社。国内の需要が伸びない中で、海外に活路を見出すのも経営の1つの選択肢になっている。過去の歴史としては、大和工業や共英製鋼といったオーナー系電炉が、数十年という長いスパンで苦労を重ねながら海外事業展開を進めてきた。ここにきて、高炉系電炉メーカーが後に続こうとしているが、海外には地場メーカーもあるし、海外事業ゆえのリスクや難しさがある。オーナー系企業でなければ短期の結果が求められやすいのが一般的であり、長期の視点で辛抱強く取り組めるかがポイントになるだろう。

5 総合商社の鉄鋼部門の再編

メタルワンや伊藤忠丸紅鉄鋼が発足
総合商社中心から専門商社の時代に

鉄鋼を扱う商社は、かつては三井物産、三菱商事、住友商事、丸紅、伊藤忠商事、日商岩井など総合商社が主流を占めていた。今では鉄鋼部門の売上比率が高い「鉄鋼専門商社」と言われる商社群が増え、取扱数量を伸ばしている。

鉄鋼商社の中には①三井物産や三菱商事などの総合商社が鉄鋼製品事業部門を分社化した総合商社系②阪和興業、岡谷鋼機、佐藤商事などの独立商社系③豊田通商などのユーザー系④日鉄物産、JFE商事、神鋼商事などの鉄鋼メーカー系（ミル系とも呼ぶ）、の4種類がある。

ここでは、総合商社系の鉄鋼専門商社が誕生した経緯を振り返ってみたい。

1990年代後半から2000年前後にかけ、鋼材出荷量の減少と鋼材価格の下落が大きく響き、鋼材取引額に一定料率をかけた口銭（手数料）に頼る商社の採算は大きく悪化した。総合商社の中にはさまざまな商品部門があるが、鉄鋼部門の赤字採算や低ROE（自己資本利益率）比率が許されない状況になり、分社化して他社と事業を統合する合弁事業に踏み切る流れが強まった。

2001年10月に伊藤忠商事と丸紅の鉄鋼製品部門が分離して合弁会社「伊藤忠丸紅鉄鋼」が発足した。出資比率は50％対50％の対等合併。次いで2003年1月には三菱商事と日商岩井（現双日）の鉄鋼製品部門を統合した「メタルワン」が発足。こちらは三菱商事が60％出資して子会社とし、日商岩井の出資は40％にとどまった。

またニチメン、トーメンの鉄鋼製品部門は他商社に合流、兼松も得意とする油井管や特殊鋼、イラン向け商権などに特化する形となり、かつて鉄鋼製品部門を有した総合商社9社が、本体で本格的に鉄鋼製品事業を手掛ける例はほぼなくなったと言ってよい。

三井物産は、大型投資案件などを除く鋼材のトレード（売買）の大半については100％子会社の三井物産スチールが取り扱う。住友商事も2018年4月に、子会社の住友商事グローバルメタルズに鋼管貿易などを除く事業（売上高で約7000億円）を移管した。特にトレードと呼ばれる仲介ビジネスについて、総合商社本体の高コストでは間尺に合わなくなってきていることが背景にあり、鉄鋼製品ビジネスは総合商社中心の時代から鉄鋼専門商社の時代へと移行している。

ここにきて総合商社系と鉄鋼メーカー系商社が連携を強める動きも出ている。三井物産グループと日鉄物産は、三井物産の鉄鋼事業の一部を2018年4月に日鉄物産に商権譲渡することで合意。譲渡対象は国内・輸出合わせて売上高3700億円程度、数量で400万トン程度。三井物産は子会社の三井物産スチールの取扱い数量（約800万トン）のうちほぼ半分を移管し、あわせて人員も150～200人規模で移管した。一方で三井物産は日鉄物産への出資比率（議決権所有割合）を11・01％から20・04％に拡大し、連結対象会社（持分法適用会社）とすることで、日鉄物産の利益成長を通じて自らは連結利益拡大を狙うスキームに舵を切った。

商社再編に沿った形で、系列のコイルセンター（CC）や厚板加工業を含む鋼材販売業者の再編も進んでいる。そうした二・三次流通業者はオーナー系企業が多いことからメーカーに比べて統合再編や集約が遅れているが、事業承継のタイミングで商社に事業譲渡するケースも相次いでいる。オーナー家が阪和興業などに話を持ち込み、鉄鋼商社がM&Aでグループ内に取り込む案件が目立つが、そうした例を含めて専門商社の存在感が従来よりも高まっている。

6 変わる日本の鉄鋼需要構造

国内需要全体の6割強が製造業向け 建設向けは減少トレンド

日本国内の鋼材消費量は普通鋼と特殊鋼合わせて約6000万トンとなっている。その6000万トンのうち、4000万トンは最終需要が日本国内となる純内需。そして残りの2000万トンは自動車や建設機械、産業機械などの製品に加工された形で輸出される間接輸出。

純内需4000万トンのうち、おおまかに言えば2000万トンが建設分野向けで、残り2000万トンが製造業向け。つまり、製造業向けという切り口で純内需分と間接輸出分を合わせると約4000万トンということになる。国内需要全体の3分の2、つまり6割強が製造業向けとなっている。

建設向けと製造業向けの比率は、その国の経済の発展段階に応じて変化する。日本でも約30年前まではほぼ半々の比率だった。国の成長期にはインフラ投資などが旺盛なため建設向け比率が高い。

たとえば中国では現在、建設向けが55%を占めている。自動車の生産台数は年間2800万台程度と世界一だが、ここに使われる鋼材は多く見積もっても5000万トン。内需が10億トン近くあることを考えると、一部に過ぎない。中央政府が雇用の維持のために財政支出を伴う景気浮揚策を打ち出すことが多い国で、中国の鉄鋼需要は「官製需要」と言われる。

また、ベトナムは建設向けが約8割を占めている。アセアン地域の中で、自動車産業はタイに集積し、電機産業はタイやマレーシアなどに集積してしまい、自国に大きな製造業が育っていないベトナムの事情を反映している。

日本の経済はかなり成熟しており、建設向け比率は低下トレンドを辿っている。2020年度の東京オリンピック開催予定に向けて、新国立競技場や関連する再開発案件などで一時的に建設向け需要が高まったが、中長期では現在の比率から大きな変化はなさそうだ。

国内最大手メーカーの日本製鉄の推定による19年度（20年3月期）の国内鋼材消費量は5886万トンだった。前年の18年度（6232万トン）比で5・5％減であり、5000万トン台となったのは、リーマンショック後の09年度以来10年ぶりのこと。5886万トンの内訳は、普通鋼が4716万トンで、特殊鋼が1170万トン。年度末にかけて自動車向けの比率が高い特殊鋼需要に大きくブレーキがかかった。製造業比率は63・8％と、18年度（64・7％）比で低下した。

国内需要のトレンドを見るときに、普通鋼鋼材受注統計は1つの大事な統計数字となっている。同受注統計は、日本鉄鋼連盟のホームページなどで見ることが可能だ。

鋼材消費量と鋼材受注統計には若干の差異が生じるが、それにはいくつかの理由がある。

1つ目は鋼材消費には輸入鋼材が含まれること。2つ目は、統計カバー率の違いがあること。3つ目はメーカーが受注するタイミングと、そこからロール（生産）・出荷して消費されるまでに生じる数カ月のリードタイムがあることが挙げられる。

18年度の普通鋼鋼材受注統計は4481万トンだった。ちなみに同年度の鋼材消費量は4920万トン。両者は通常、年間500万～700万トンの差があるが、これは先ほど挙げた3つの要因から来ている。

最大は輸入鋼材であり、その数量は年によって変動するが国内鋼材消費量の10％前後（500万～700万トン）を占めており、差異の大部分を構成している。

製造業全体を100としたときの部門別消費のウエイト推移

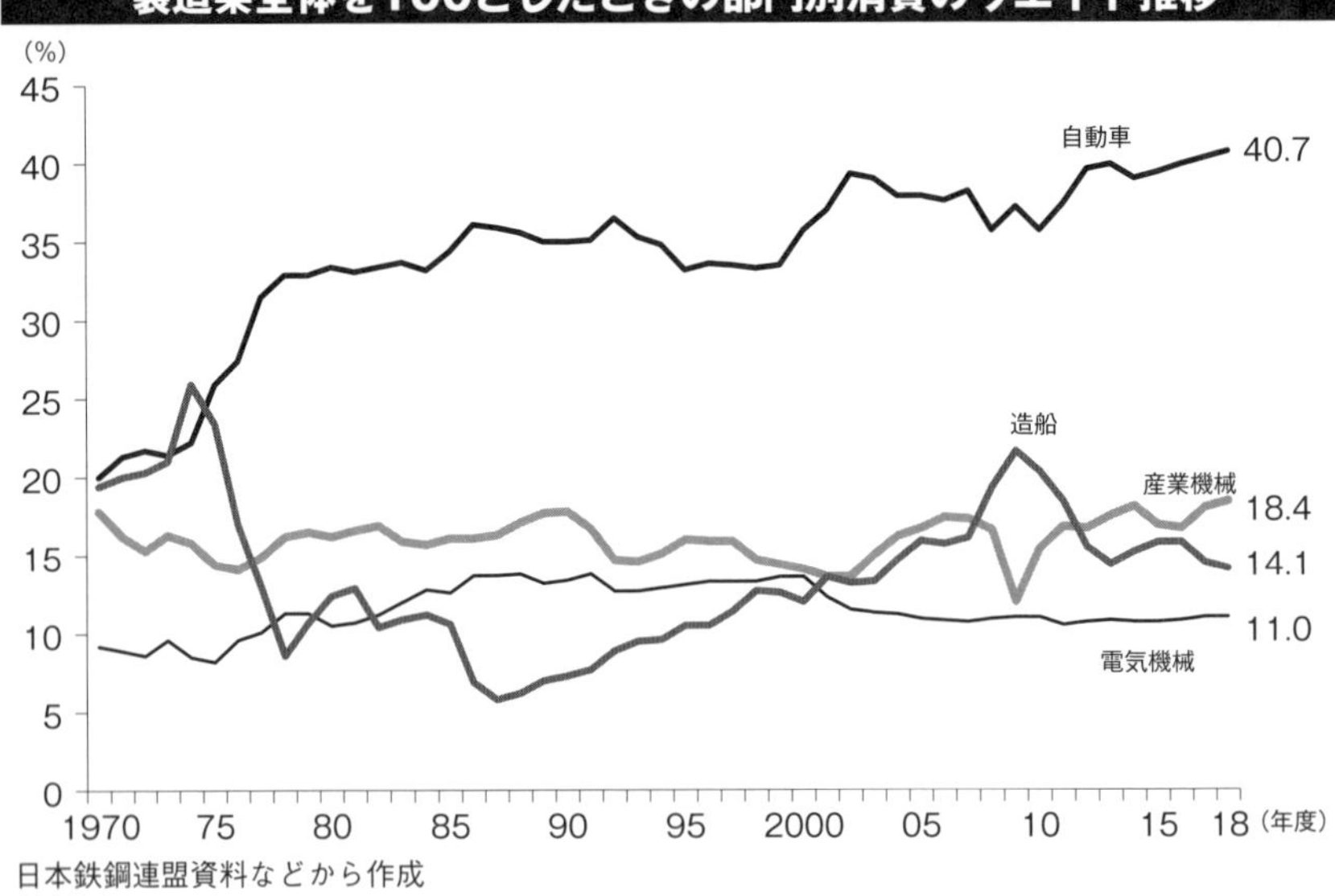

日本鉄鋼連盟資料などから作成

自動車向け、他を引き離して需要量トップに

受注統計や鋼材消費の統計を見ると、製造業向けでは自動車向けの比率が最も大きい。次いで造船向けとなり、さらに産業機械向けや電気機械向けが続く。過去から自動車分野向けの比率が高かったかというとそうではない。

日本鉄鋼連盟の資料をもとに普通鋼鋼材商品の向け先別比率を見ると、１９７０年度には自動車向けと造船向けはほぼ同レベルで、それぞれが需要全体の20％程度だった。それが２０１８年度には自動車向けが40・７％に増加し、造船向けは14・１％に低下。自動車向けはほぼ右肩上がりで上昇し、17年度から40％台の大台乗せとなっている。産業機械向けは１９７０年からほぼ16～18％のレンジで推移しており、18年度は18・４％と造船向けを４ポイント以上、上回っている。

これは日本の自動車業界、造船業界という需要業界の浮き沈みを反映している。昔は日本が世界トップの造船起工量を誇ったが、今は韓国・中国に次ぐ３位にとどまり、上位２カ国との競争力格差は開く一方だ。韓国や中国の鉄鋼メーカーが力をつけていることを受け、それらの国の造船メーカーは自国の鉄鋼メーカーからの鋼材調達を増やしている。

一方で自動車メーカーは日本勢がグローバルで生産量を拡大しており、それに呼応して日本の鉄鋼メーカーが生産販売量を増やしている格好となる。

普通鋼鋼材受注量は地域別に数字を確認することができる。国内の地域ごとの鉄鋼需要のトレンドが読み取れる。

国内地域別の年間需要量、関東が不動の1位、2位は関西か中部

18年度の普通鋼鋼材の地域別受注量を見ると、北海道が１０１万トン、東北が１８７万トン、関東が１２５４万トン、東海が８９１万トン、北陸が１５３万トン、関西が８２３万トン、中国が３６４万トン、四国が１６４万トン、九州が４１４万トンだった。

地域別の需要量ランキングでは関東が不動の１位だが、関西と東海は年度によって順位が入れ替わる。関西は建設用や産業機械用の受注量が多く、東海は自動車産業が集積する愛知県を抱えることから自動車用がかなり多いのが特徴となる。

7 日本は高炉中心。海外は……

日本は高炉が75%、米国は高炉が3割
日本は昼の電気代高く、電炉は夜間操業

鉄をつくるには、大きく分けて高炉法と電炉法の2つがある。鉄鉱石を石炭で還元して銑鉄（せんてつ）をつくるのが高炉法。建物を解体したときなどに発生する鉄スクラップを溶かして鉄をつくるのが電炉法。

日本では、高炉法が主流となっている。現在は国内生産の約75%が高炉法によるもの。一般的には高炉法のほうが、より品質の高い鋼材が生産できる。

国によっては電炉法の比率が高い地域もある。代表例はアメリカ。現在は約7割が電炉で、3割が高炉。ニューコア社やスチールダイナミックス（SDI）社という有力な電炉メーカーがあり、USスチールやAKスチールといった高炉メーカーよりもコスト競争力が高く、収益性も優れる。ヨーロッパでもEU28カ国合計で見ると、高炉が6割で電炉が4割。韓国は高炉が7割弱で電炉が3割強となっている。電炉比率が1割にとどまる鉄鋼大国の中国を除くと、日本の電炉比率は世界的のなかでかなり低位となっている。

日本でも今より電炉比率が高い時期はあった。1990年代の電炉比率は30数%だったが、2010年以降は10ポイント近く低くて20%強。その理由は、いくつか挙げられる。

主には①高炉メーカーが得意とする製造業向け鋼材需要の増加、②普通鋼電炉メーカーが得意とする建設向け需要の減少、③建設向けの中でも鉄骨（S造）向けは増えているが鉄筋（RC造）比率が低下していること、④電気代の上昇、など。

東京製鉄と米国のニューコア社は、１９８０年代半ばはどちらも年間３００万トン規模の鉄鋼メーカーだった。それが今はニューコアが全米最大の２０００万トンメーカー、東京製鉄は年間２００万トン強。この違いは何を物語っているのか？

日本は特に昼間の電気代が高いことから、電炉メーカーは夜間・土日のみ操業をしている工場が多い。設備稼働率は平均で６～７割程度にとどまっている。電気代の占める比率は、原料のスクラップ代を除いた中でほぼ３割を占めており、電力多消費業種と言える。今後、地球温暖化対策という環境意識の高まりの中で、その工程だけを見ればCO_2排出量が少ない電炉の比率が日本でも上昇していくのかは注目されるところだ。

電炉メーカーにも「さらに地球温暖化対策を」との意識がある。電炉工場で使う電気を再生エネルギーに変えようというものだ。海外電炉メーカーが先行しているが、国内でも太陽光発電設備を工場内に大々的に敷設して利用する動きなどが出ている。

電炉は、高炉に比べて建設コストが小さく、コンパクトである点が特徴となる。海外などグリーンフィールド（更地）で製鉄所を新設する場合、高炉一貫製鉄所の場合はトン当たり10万円近く、つまり年間１０００万トンの製鉄所で数千億円から１兆円レベルの投資資金がかかる。高炉は構造上、１基で年間４００万トン程度の生産規模になる。これに比べ、電炉法は生産規模が１基で１００万トン規模と小さくてコンパクトだ。高炉のようにコークス炉や焼結炉といった大型付帯設備も不要で投資額は小さい。さらに設備のオンオフが容易で、生産量を機動的に変えられるメリットがある。

世界最大の鉄鋼生産国である中国の電炉比率の今後の動向にも注視が必要だ。今は10％程度で年１億トン前後だが、中国国内では原料となる鉄スクラップの蓄積が進んでいる。

現在、世界の鉄鋼生産のうち、鉄スクラップからつくられている比率は３割に満たないと言われる。ワールドスチール（ＷＳＡ＝世界鉄鋼協会）は、この比率が２０３５年に半分程度に高まるとの見通しを持っており、注視すべきテーマとなっている。

8 高水準続いていた日本の鉄鋼輸出に変化

日本の輸出比率は4割
品種別では、熱延鋼板が半分を占める

日本は、世界でも鋼材輸出量がかなり多い国であるのが特徴だ。日本製鉄やJFEスチールなど高炉大手メーカーの輸出比率は全販売の40％強に達する。電炉メーカーはそれほど輸出比率が高くないため、わが国全体としては4割弱の輸出比率となっている。

おおまかな数量イメージとしては、日本国内で年間1億トン強の鋼材を生産し、そのうち4000万トン程度を輸出する時代が長く続いてきた。中国の鋼材輸出量は過去には1億トンを超える年が続いたが、輸出比率で見ると約1割となっている。

かつて輸出は、鉄鋼メーカーにとって国内の需給調整のバッファー（調整弁）としての役割をはたしてきた。国内価格を維持するために、国内需給が緩み始めれば輸出を増やし、引き締めにかかるケースも少なくなかった。しかし、無理に輸出を増やし続ければ、価格競争が激しくなり、さらに混乱を深めることになる。

現在の日本の鉄鋼輸出は、日本のユーザーが海外進出することに対応している面が強い。かつては地場向けの汎用品として多く売られたこともあったが、現在では個別顧客に対するヒモ付き的な輸出商売が多い。海外進出した自動車など日本のユーザーから鋼材を現地で供給してほしいとの要請が強く、それに応える形で海外に下工程生産拠点（合弁事業会社など）を設け、そこ向けに中間製品を輸出するのが典型的なビジネスモデルだ。

自動車のみならず、電機メーカーも造船メーカー

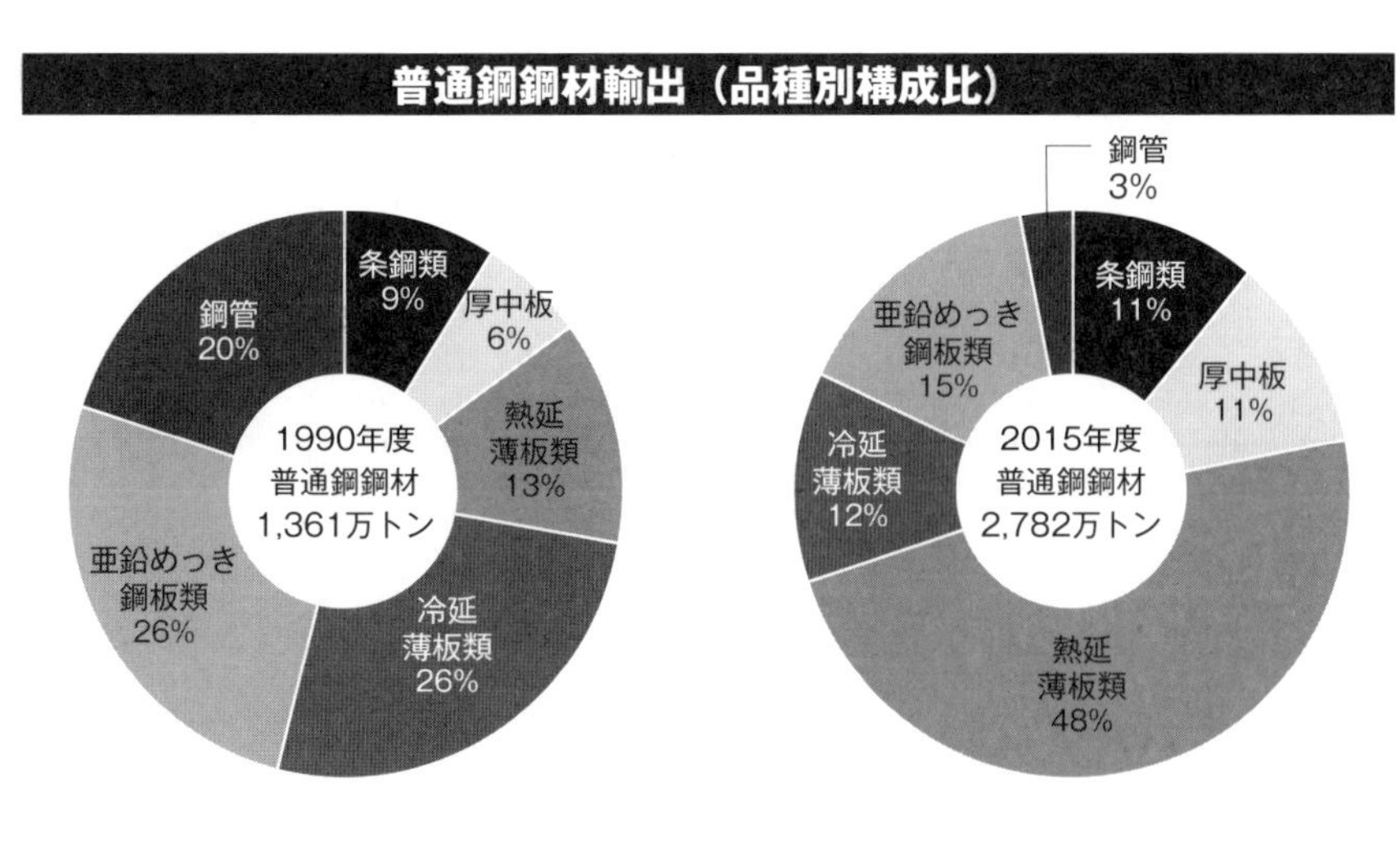

出所：財務省貿易統計

も、独自あるいは現地企業との合弁で、海外工場（トランスプラント）を建設している。日系自動車メーカーの場合、各社ごとにバラつきはあるが、トータルで見れば日本国内と海外の生産比率は35％対65％。海外生産のほうが2倍近く多い。ユーザーが鋼材を欲しがる場所が、国内から海外にシフトしているのだ。

　そうした状況変化は、輸出品種構成の変化に現れている。普通鋼鋼材輸出量を１９９０年度と２０１５年度で比べると、１９９０年度は国内がバブル経済下にあって国内鋼材消費量が高かったため、輸出数量は２０１５年度のほぼ半分にとどまっている。驚くべき変化は、熱延薄板類のシェアが13％から48％へと3倍以上に拡大していること。鉄鋼メーカーが、自社の海外事業拠点向けや安定顧客向けに、原板と呼ばれる半製品として熱延薄板を輸出する傾向が強まっている。

　輸出された熱延薄板類は、海外の下工程ライン（冷間圧延ラインや溶融亜鉛めっきラインなど）で冷延鋼板や亜鉛めっき鋼板に圧延加工され、現地ユーザーに納入されるケースが多い。

東南アジアで新製鉄所稼働、日本の輸出に打撃

これまで高水準を続けてきた日本の鋼材輸出が、今後は数量減少を余儀なくされるとの見方が強まっている。4000万トン規模の輸出量が「中長期的には2000万トンに半減するシナリオを描いて、生産販売戦略を考えていく必要がある」と話す鉄鋼メーカー幹部もいる。

その理由は、日本の準ホームマーケットである東南アジア地域で、新製鉄所がつくられており、自給自足が進んでいくことが大きい。過去には存在しなかった大型高炉一貫製鉄所がインドネシアやベトナムで稼働しており、鉄鋼の需給構造が変化している。

加えて、中国の沿岸部に最新鋭の製鉄所計画が複数予定されている。すでに稼働している宝武鋼鉄集団の湛江製鉄所（広東省）もそうだが、沿岸部に立地しているということで、物流コストの面から輸出競争力が高いのが特徴だ。現在は約1割にとどまっている中国鉄鋼メーカーの輸出比率が上がってくれば、特に汎用品グレードの領域において、日本材がマーケットから押し出される懸念がある。

2020年は新型コロナウイルスの影響が大きく、中国を除く世界のほぼ全域で鉄鋼需要が落ち込んでいる。日本の鉄鋼輸出は記録的な低水準となる見込みだ。コロナという一時的な要因に加えて、海外で鉄鋼の供給能力が増えていることが背景にあり、2020年は日本の鉄鋼輸出にとって変化点となる可能性が高い。

アジア向けが全体の8割、国別では韓国向けが1位

最新の統計で、細かい数字を見てみよう。財務省が発表した貿易統計によると、19年度の全鉄鋼輸出は前年比2・5％増の3513万3000トンとなった。これは、リーマンショック後の2010年度以降では18年度に次ぐ低い水準だった。

向け先ではアジア向け輸出が全体の78・9％で、前年度から2・2ポイント低下した。主な地域別の

輸出量は次の通り。国別では韓国向けが減少傾向にあるもののトップを維持している。通商拡大法232条の影響でレール（軌条）などの輸出が難しくなった米国向けは中東向けを下回った。

▽ASEAN＝1184万3000トン（前年比3％減）
▽韓国＝561万7000トン（同7・8％増）
▽中国＝512万8000トン（同2・3％減）
▽中東＝113万2000トン（同62・6％増）
▽米国＝108万4000トン（同21・1％減）
▽EU＝31万5000トン（同19・6％増）
▽ロシア＝2万2000トン（同50・8％減）

1位の韓国向けは、02年には920万トン、03年は898万トンとかつては900万トン規模の数量が輸出された。これが14年は730万トン、15年は663万トン、16年は696万トンと700万トンを割る水準に低下し、今は600万トンを下回る。

理由は明白だ。韓国国内で大手財閥の現代グループが2000年代に高炉一貫製鉄所を建設。自社で上工程からの鉄鋼一貫生産体制を構築したことによる。現代製鉄という新たな鉄鋼メーカーの登場だ。現代グループはそれまでも現代ハイスコという鉄鋼企業を持っていたが、高炉設備は持っておらず、中間製品を日本メーカーから多く購入していた。

現代グループなど韓国系リローラーは、歴史的に川崎製鉄（現JFEスチール）と取引が太いところが多く、川崎製鉄は日本からスラブや熱延コイルなど中間製品を韓国に輸出する「垂直分業モデル」を推し進めた。今は韓国最大手メーカーのポスコも生産能力を拡大し、韓国は海外から中間製品を購入するモデルから国内自給構造へと大きく変化している。

日本の高炉メーカーは他地域への輸出量を増やしている。向け先国のシフトが起きている。アセアン向けに加えてインドや中東、アフリカ、中南米向けなどが増えている。鉄鋼は重量があるため、遠隔地への輸出は運賃（フレート）負担がハンディキャップになりやすい。大きなロットでまとめて輸出するなど、トン当たりの運賃を抑える形で、従来よりも遠隔地に輸出する流れが強まっていくだろう。

Chap.1 最新動向
Chap.2 海外事情
Chap.3 鉄鋼製品
Chap.4 流通販売
Chap.5 主要企業
Chap.6 注目企業
Chap.7 仕事人
Chap.8 採用動向
Chap.9 歴史

9 高炉メーカー、国内生産構造を改革

日本製鉄、一貫製鉄所の全面閉鎖を初めて実行へ

２０１９年度は日本の高炉メーカーにとって歴史的な年になった。業績がこれまでで最も悪い年になり、製鉄所では巨額の減損計上を強いられた。あとで振り返った時に、19年度をボトムにして生産構造を大きく見直し、痛みを伴いながら筋肉質な体制をつくっていくことを各社が決断した節目の年になるだろう。

個別企業の業績を見ると、19年度は高炉３社ともそろって最終損益が赤字となった。日本製鉄は最終赤字４３１５億円と過去最大の赤字額。ＪＦＥスチールは２００２年に発足以来、初の連結赤字となった。神戸製鋼所は、主力製鉄所が阪神淡路大震災に見舞われた１９９４年度に次ぐ過去2番目の赤字額となった。鉄鋼需要減退による数量減に加えて、主原料価格、資材費、物流費などのコストアップにより利幅（製品価格と原料価格の差であるマージン）が大きく悪化した。

日本製鉄の橋本英二社長は、日本鉄鋼業界を取り巻く環境について、筆者のインタビューの中で「19年度の国内鉄鋼需要は約６０００万トン。そのうち３分の１が建設向けで、３分の２が製造業向け。製造業向けの約4割が自動車向けとなっている。製造業向けの中で大黒柱とも言える自動車分野においてＣＡＳＥと呼ばれる変革が起きている。車の電動化が進めば鋼材原単位は減る可能性がある。また、日本の自動車産業が今後、世界の中でどういう生産分布になるかを考えると、日本での自動車生産台数は

減っていくと考えざるを得ない。自動車分野以外も含めて、間接輸出向けが多い今の鋼材内需構成を考えると、内需は今の６０００万トンレベルから中長期的に減っていくと考えるのが自然だ」と内需縮小へ対応する必要性に言及している。

日本製鉄は20年4月に子会社の日鉄日新製鋼を吸収合併して、粗鋼生産能力が本体で５０００万トン近くに増えた。橋本社長は「日鉄ステンレス、山陽特殊製鋼、大阪製鉄、合同製鉄、トピー工業などグループ会社を加えた日鉄グループ全体では、国内で５０００万トンを超える生産能力を持つ。内需が６０００万トンで、それが減っていく見通しの中で、当社グループが５０００万トンを超える規模の粗鋼能力を維持することが現実的かどうか。仮に国内粗鋼生産量を維持するとすれば今よりも輸出を増やすしかないが、各国の自国産化の流れを考えるとそれ（今より輸出を増やすこと）が成り立つのか。つまり、国内の生産能力の適正化を進めていく必要がある」と、国内設備能力を減らさざるを得ないとの考えを示している。

設備構造改革の最大の目玉は、旧日鉄日新製鋼の主力拠点だった呉製鉄所（広島県呉市）の全設備休止。一貫製鉄所の事実上の閉鎖となる過去に経験のない構造改革に取り組む。１９８０年代にもプラザ合意後の円高不況下で生産構造改革を実施したが、一貫鉄所を全面的に廃止することはなかった。呉製鉄所閉鎖による粗鋼生産能力の削減規模は年間約５００万トンと、グループの国内能力の約1割に相当。呉製鉄所以外も含めた設備の休止・集約を通じて年間１０００億円の収益改善効果を見込む施策を２０２０年2月に策定・公表した。

ＪＦＥスチールも東日本製鉄所で大規模な設備休止策

国内2位メーカーのＪＦＥスチールも同様だ。同社の北野嘉久社長が筆者のインタビューの中で「競合の厳しい輸出向け汎用品の削減と内需減に相当するのが高炉1基分であり、その能力（全社の約13％を占める約４００万トン）を削減して国内粗鋼生産量を２５００万～２６００万トン規模にする必要がある」と語った。東日本製鉄所京浜地区の高炉設備をはじめとして大規模な設備休止策に踏み込む。各社とも、将来を見据えて固定費を削減する必要があり、設備休止による更新費用の負担軽減も見込んでいる。

日本の高炉メーカーは１９８０年代のプラザ合意後にも、大掛かりな生産構造改革を行った。人員削減なども進めて生産設備集約を成し遂げ、その後の成長につなげた形になったが、今回はどうか。前回との違いとして大きく2つの要素がある。

1つは中国メーカーの存在。80年代はそうした存在がなかったが、今は世界生産の半分を中国ミルが占め、新しい設備を使ってコスト競争力が高い製品をつくっている。トップメーカーの宝武鋼鉄集団は年産1億トンと日本高炉の2倍以上の規模を誇り、規模のメリットも持つ。アジア市場における鉄のプライスリーダーは今や中国メーカーであり、そこに伍していくには、相当のことをやらなければいけない。中国メーカーは、日本製鉄（当時は新日本製鉄）が技術協力して建設した宝山鋼鉄を除けば、多くのミルが２０００年前後に建設されている。そこから20年が経ち、減価償却期間が終わってコスト面で競争力が高まっていることも背景にある。

もう1つの要素は、日本メーカーが足元で製鉄所設備の更新時期を迎えているということ。つまり、日本メーカーには日本固有のコストが重くのしかかっているということだ。国内の製鉄所は、戦前につくられた日本製鉄の九州製鉄所八幡地区（旧八幡製鉄所）や１９５３年に1号高炉に火入れしたＪＦＥスチールの東日本製鉄所千葉地区（旧千葉製鉄所）を除けば、ほぼすべてが１９６０年代から70年代にかけての高度成長時代以降に建設されている。それら設備の老朽化時期が順次おとずれており、設備の生産性低下や劣化トラブルなどへの対応が必要だ。これまで、部分的な更新や補修でつないできたが、足元の10年間は本格的に設備を造りかえる「第二の創業期」とも言える時期にあたっている。設備更新には巨額の投資が必要となるため、コスト面でのハンディとなっている。ただ、これを乗り切らなければ、日本で製鉄事業をやり続けることができない。まさに試練の時を迎えている。

問題となるのは固定費だ。全国粗鋼生産量のレベルで言えば、1億トン時代はもう戻ってこないとの前提で考える必要がある。全国粗鋼8000万トン規模でも利益の出る体質をつくることが各社に求められている。

固定費の大きな部分を占めるのは設備であり、人である。設備の減価償却費や修繕費、労務費といった固定費を削減し、損益分岐点を引き下げることが必要だ。そのためには、総花的に今の設備を残して設備投資や修繕費を投じるのではなく、設備の選択と集中を行い、残すと決めた設備に絞って投資をしていく必要がある。

日本の鉄鋼メーカーは鋼材の平均単価（販売単価）で見ると中国メーカーや韓国メーカーよりも高くなっている。つまり高付加価値製品をつくっているのだが、それを高いコストでつくっているのが現状であり、利益が出にくい構造になっている。

日本国内で生産する製品は思い切って高付加価値製品にシフトし、中国メーカーと競合する汎用品については海外の現地生産に移管していくのが生き残る道だ。中国ミルとの競合をいかにして避けていくか、中国ミルと同じ土俵に乗らずにたたかうという戦略が必要だと思える。

高付加価値製品の代表例は、自動車向けの超ハイテン（高張力）鋼板、電磁鋼板、特殊鋼棒線、鋼管など。これらは限界利益の高い製品群とも言える。製品価値に見合った価格を実現し、固定費を上回る限界利益を確保してくことが求められている。「限界利益総額の枠内に固定費総額を抑えること」が企業経営の要諦であり、装置産業である鉄鋼業はその最たるものである。

10 日本高炉、海外市場で生産拡大

日本製鉄、3100億円を投じてインド大手鉄鋼メーカーを共同買収

前項で述べた通り、日本高炉メーカーは日本国内での汎用品の生産量を縮小し、海外での生産を増やしていくのが生きていく道となる。海外においては、できる限り中国メーカーとの競合を避ける形で地域を選んで経営資源を配置し、たとえばインドなど保護主義的な色彩が強いマーケットでインサイダーになることが重要だろう。そうすれば中国ミルの影響を避けながら、ビジネスを展開することができる。

トップメーカーの日本製鉄の場合、2020年時点の国内外の生産比率はおよそ2対1となっている。大雑把に言えば、国内が4000万トンで海外が2000万トン。これを中長期的には、国内対海外比率「1対1」にもっていくようなシナリオを考える必要がある。

最も象徴的な案件は、2019年の12月に買収手続きが完了したインドの大型案件。日本製鉄が、アルセロール・ミッタル（AM）社と共同で、インド鉄鋼メーカー大手であるエッサール・スチールを買収し、2社の合弁会社「アルセロール・ミッタル・ニッポン・スチール・インディア（略称・AM／NSインディア）」としてスタートをきった。

両社による旧エッサールの買収金額は債務返済に充てる4200億ルピーと設備投資・運転資金の800億ルピーを合わせた5000億ルピー（約7700億円）。うち3分の2を借入金、3分の1を自己資金で賄う。日本製鉄は約7700億円のうち出資比率の40％にあたる約3100億円を拠出。海外

AM/NS INDIA社の概要

橋本社長

日本製鉄

40%

アルセロール
ミッタル

60%

ラクシュミ・
ミッタルCEO

所在地：インド西部グジャラート州ハジラ
取締役：両社が同数名ずつ指名
生産拠点：ハジラ一貫製鉄所ほか
年産能力：粗鋼960万トン
売上高：2603億INP（約4000億円）※18年3月期
従業員数：3806人※18年3月末時点

事業としては過去最大の投資額となる。残る60%をＡＭが負担する。両社にとりＡＭ／Ｎ Ｓインディアの持株会社が持分法適用会社となり、出資比率見合いで連結決算へ利益が反映される。

日本製鉄はこの買収を、社運を賭けた乾坤一擲（けんこんいってき）の策と位置づけている。橋本英二社長は買収完了を受け、ＡＭ／ＮＳインディアの事業拡大に改めて意欲を示し「インド鉄鋼業界の一員として、今後インド鉄鋼業界の発展の一翼を担う存在になる」とコメントを発表した。インドの鉄鋼市場で一貫生産拠点を獲得し、インサイダーになることを狙いとしている。

世界鉄鋼協会によると、18年時点でインドの人口１人当たりの鋼材見掛け消費は72キログラム。前年比では６キロ増え、着実に増加し続けている。タイの２７７キロ、ベトナムの２３４キロ、ブラジルの１００キロと比べても伸びしろは大きい。２０２０年には新型コロナ禍の影響で一時的に鋼材消費量が落ちているが、インドの鉄鋼省は２０３０年に１人当たりの鋼材消費１５８キロを見込んでおり、これが実現すれば２億トン超の巨大市場となる。

インドでインサイダーになることが大きな意味を持つ理由の1つは、ある意味で閉鎖的な市場だからだ。インド市場向けに輸出で鋼材を売り込むことは容易ではない。国際市場が冷え込んだ2015年以降、インド政府は幅広い輸入鋼材に対し相次ぎアンチダンピング（反不当廉売＝AD）措置やセーフガードなどを繰り出し、保護主義的な姿勢の強さが如実に示された。伸びる市場ながら、内に入り込まなければ恩恵を享受できない難しさがある。韓国・ポスコなど世界の鉄鋼メーカーがインドでの製鉄所新設を試みたものの、用地確保が進まず実現に至らなかった。そうした中で、モディ政権が銀行の不良債権問題を処理すべく「倒産破産法」を制定し、エッサールのような大物の会社が「売り物」として出てきたのは千載一遇の好機だったと言える。

エッサールの製鉄上工程設備は多様で、ハズィラ製鉄所には年産能力170万トンの高炉、170万トンのコーレックス、そして計670万トン分のミドレックスがある。主力のミドレックスで使うLNGの契約に問題が生じ、思うように生産を増やせずコストも膨れて経営が傾いた。現在はLNG価格が下がり、問題は解消されている。債務が減れば自ずと損益は改善できる状態にある。製鉄所の実力を見ると、粗鋼年産能力960万トンのハズィラは競争力の高さで知られるJSWスチールのヴィジャヤナガル、タタ製鉄のジャムシェドプルに次ぐインド3番目の大型製鉄所だ。また厚板は日系の建機メーカーなどで使われ、インド国内でのプレゼンスは高い。

需要地のプネには冷延工程以降の単圧拠点があり、インド国内7カ所でサービスセンター（コイルセンター）を持っている。こうした一定の販売基盤が確立されているだけに、AMと日鉄は今後3000億円程度を投資し、AM／NSインディアを増強していく考えだ。

JFEのベトナム合弁FHS社 生産能力700万トン、設備増強を計画

JFEスチールも海外での生産を拡大する方針を持っている。インドで言えば、先ほど名前を挙げ

た国内2位のＪＳＷスチールに約15％出資しており、持分法適用会社として連結利益に取り込んでいる。ＪＳＷスチールに対して技術供与を行い、ＪＳＷスチールを通じてＪＦＥスチールの取引先向けに自動車用鋼板などを現地で供給する体制をとっている。「ＪＳＷスチールの成長を通じて、インド市場の成長を取り込む」（同社）構えであり、やはりインド市場攻略を成長戦略の1つに据えている。

またＪＦＥスチールは、台湾プラスチックグループ、台湾・中国鋼鉄（ＣＳＣ）との合弁事業として、ベトナム中部ハティン省の高炉一貫事業「フォルモサ・ハティン・スチール」（ＦＨＳ社）に出資参画している。ＦＨＳ社は２０１８年5月に2基目の高炉が稼働し、年産７００万トンの高炉一貫製鉄所となった。

ＪＦＥスチールの出資比率は5％程度にとどまるが、役員を派遣しているほか、技術供与を行って同社の操業安定化に力を注いでいる。主導権を握る台湾プラスチックグループはこれまで製鉄事業の経験がなく、ＪＦＥスチールやＣＳＣからの技術供与を必要としている。

ＪＦＥスチールは、ＦＨＳ社を東南アジアにおける鉄源拠点と位置づけている。毎年、ある一定数量について、ＦＨＳ社から鉄鋼製品を購入し、自社の取引先に販売する形をとっている。こうした「オフテイク契約」と呼ばれるスキームを使って、ＪＦＥスチールは東南アジアにおける販売数量拡大を図っていく方針だ。

ＦＨＳ社が毎月取引先に通達する販売価格は、今や東南アジアにおける鉄鋼指標価格の1つになっている。ＦＨＳ社は今後、第二期投資で生産能力を1４００万トンに倍増させる計画を持っている。まずは７００万トン体制下で安定的な単月黒字化を果たすことが喫緊の課題だが、ポテンシャルは非常に大きい案件と言える。ＪＦＥスチールが将来にわたって、ＦＨＳ社にどうかかわり、自社のグローバル展開の中でどう位置づけるのか。日本高炉業のあり方に関わってくるテーマであり、注目していきたい。

11 高炉の狙いは車・エネルギー・インフラ分野

EV化で電磁鋼板の需要増加へ。設備増強し、品種構成を高度化

高炉メーカーにとって、ターゲットとする需要分野は①自動車向け、②エネルギー向け、③インフラ（建設）向け、の3つが主軸だ。

その中でも自動車向けは製造業分野では最大数量を誇る。高炉メーカーの巨大設備の稼働率を維持するための、ベースカーゴとしての重要性もある。品種も薄板のみならず、特殊鋼棒鋼や線材、鋼管、ステンレスなど幅広い。

自動車の生産台数は世界全体で増え続けている。日本国内では年間の完成車生産台数が長らく950万台程度で推移してきた。世界全体では約10倍の車が生産されている。完成車以外に、自動車のKD（ノックダウン）生産と呼ばれる組み立て部品向けにも鋼材が多く使われる。自動車1台当たり、1トン近い鉄が使われている。

この分野で技術競争力の高い日本の高炉メーカーが有利なのは確かだ。どれだけ無駄なく高級鋼材をつくれるかという歩留まり原単位といった操業指標を比べても、日本の高炉メーカーが世界トップ級の実力を持っている。

その自動車分野の収益性を高めることが、高炉メーカーにとっての課題の1つだろう。高級鋼材を多く使う分野であるため他社との差別化が図りやすいが、そのための研究開発には膨大な資金や人のリソースを投入している。

ユーザーに対してジャストインタイムのデリバリーが求められ、グローバルで生産を展開する個別

ユーザーからは現地供給の要請もある。そのために海外に、自動車用鋼材を造るための下工程ラインを建設するなど、海外展開においても多くのリソースを自動車分野に投入している。

自動車メーカーに鍛えられて技術力やグローバル展開力が向上している面もあるが、そのリターンを収益という形で確実に獲得していくサイクルをきちんと回していくことが課題となっている。

今後はＥＶ（電気自動車）が増えていくと想定される。ＥＶは、従来のガソリン車と比べて特殊鋼の使用原単位は減るが、一方で電磁鋼板と呼ばれる薄板の使用が増えると見込まれる。そうしたことを背景に、高炉メーカーは電磁鋼板の生産能力増強を進める構えだ。

たとえば日本製鉄の場合。瀬戸内製鉄所の広畑地区では、ブリキの製造ラインを休止する代わりに、電磁鋼板の製造ラインを増強する設備投資を決めている。全体の生産量は増やさない中で、つくるものを変えていく。そこでの狙いは、需要構造の変化への対応であり、品種構成高度化による限界利益拡大だ。国内ブリキ市場は縮小しており、輸出市場では海外メーカーとの競合が激しいことから、広畑のミルを休止して生産集約を図る。一方で、自動車向けの電磁鋼板は今後伸びゆく需要に対応できるような設備を造っていく。

電磁鋼板は自動車向け以外に、重電分野でも多く使われる。高炉メーカーの幹部は「電磁鋼板は欧米・重電メーカーのＡＢＢ社などがお客さまだが、彼らの大型トランス工場は世界各地に点在している。当社が日本で高級鋼を集中生産し、彼らが世界中で展開する工場に日本から必要な量を輸出して届けるというビジネスモデルが成り立つ。シームレス鋼管も同様のビジネスモデルであり、今後も経営資源を振り向けていく考え」と話している。

エネルギー分野では再生可能エネルギー向け強化

自動車分野に加え、エネルギー分野とインフラ分野の３つを軸とし、各社ともそこで必要とされるハイテン（高張力）鋼板や耐食性高合金シームレス鋼

日本製鉄の研究開発費

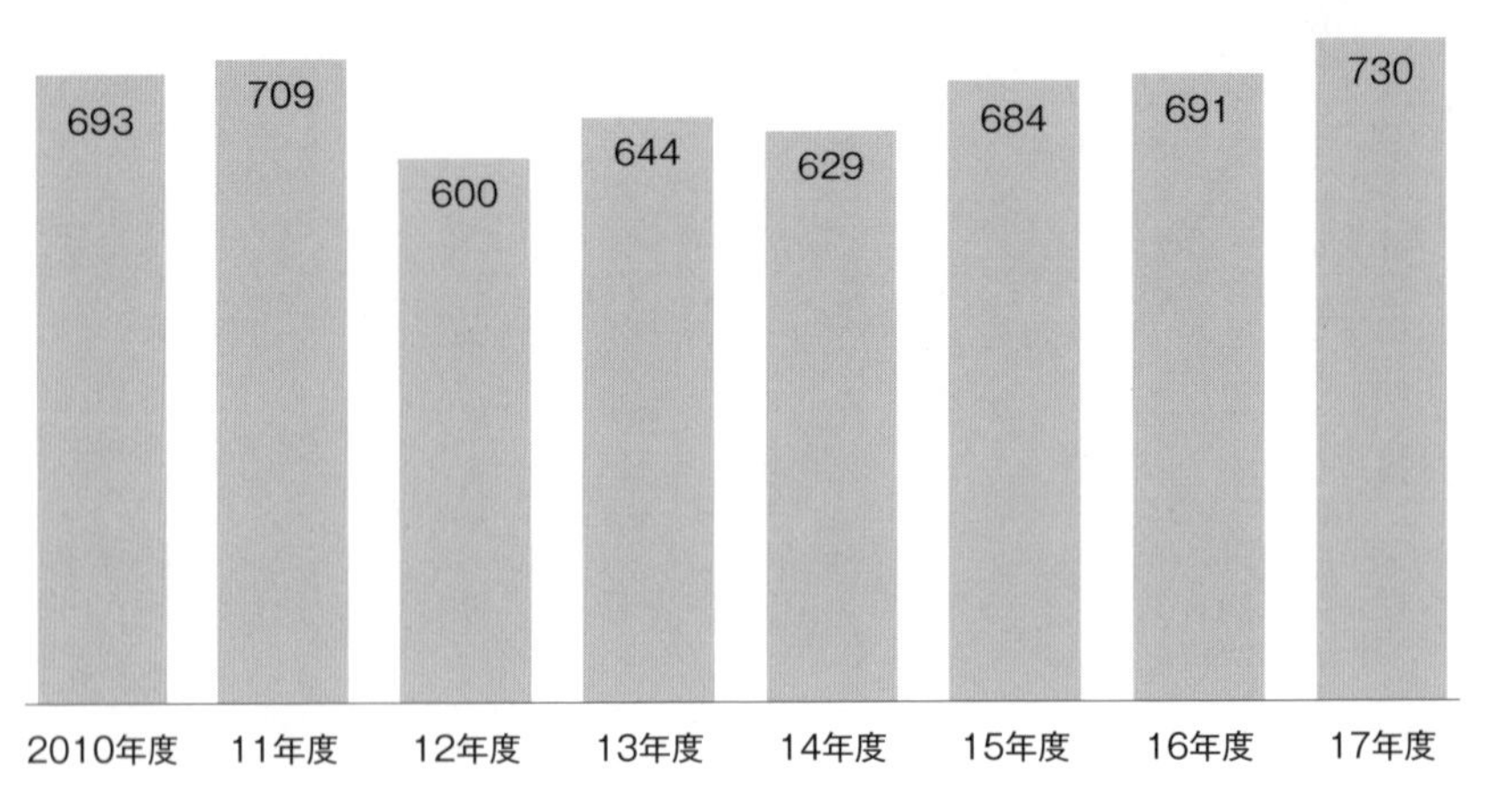

＊連結、単位は億円
＊11年度までは旧２社の単純合算、12年度は上期の旧住金の数値を含まない

管などの高機能な商品開発に力を入れている。需要家（ユーザー）の設計・鋼材選択・加工など含めた総合ソリューション提案を行うことで、結果として素材である鋼材の販売が増えるような技術営業力の向上が求められている。

エネルギー分野は、長らく低迷期が続いている。高炉メーカーは過去には、井戸（油田・ガス田）を掘るときに使われるシームレス鋼管など油井管と呼ばれる製品類の生産販売で、年間１０００億円規模の利益を稼ぎ出したこともあった。シームレス鋼管の大手メーカーは、中国ミルを除けば世界で３大メーカーに集約されているが、汎用品の分野では中国ミルの存在感が大きくなっている。中国ミルと同じ土俵には立たずに、日本ミルならではの高度な技術力がいかせる領域でいかに事業を安定的に運営していくか、が課題。

日本製鉄は、旧住友金属工業のシームレス鋼管事業が主力となっており、年間１００万トンの生産規模を誇る。中国ミルを除くと、世界のシームレス鋼管大手は日本製鉄、フランスのバローレック、アルゼンチンのテナリス――の3社。日本製鉄はバローレックに10%強出資しており、提携関係にあるが、そのバローレックが赤字続きで経営的に厳しい状況となっている。バローレックと合弁で事業展開するブラジルのVSB社の業績改善などが課題となっており、将来像をどう描くのか、正念場を迎えている。

当初は2020年以降に、原油やガス田の開発活動が回復するという見方もあった。しかし、新型コロナ禍の影響で、そうしたシナリオは後退している。今後は脱炭素、脱石油の流れが加速する。中長期的に石油や天然ガスを使わない世の中になっていく中で、石油やガスを掘る鋼管の需要は減っていくと考えざるを得ない。

エネルギー向け鋼管分野には、ラインパイプという事業もある。大径UO鋼管などが代表品種だが、石油やガスを輸送するパイプラインに使われる鋼管のこと。これについても、石油やガスが使われなくなる世の中になると、需要が減っていくと想定される。

鉄鋼メーカーは今後、風力発電など再生可能エネルギー向けの鋼材拡販に重点を移すことが求められる。洋上風力プロジェクトが計画され、一部実現し始めており、風力発電タワー向けの厚板などで少しずつ需要が増えている。一口にエネルギー分野と言っても、その中身が変化していくことになるだろう。

重点3分野で新商品を開発するため、高炉メーカーは研究開発で世界をリードしている。日本製鉄では、鉄鋼業で世界最多水準の約800人の研究者を擁する技術開発本部がけん引役となっている。厳しい業績の中でも研究開発には一定の予算を投じ、世界最先端の技術開発が行われている。

12 原料価格の高止まりでメーカーはコスト高

鉄鉱石と原料炭の輸入、6割をオーストラリアに依存

日本の高炉メーカーは、主原料となる鉄鉱石と石炭（原料炭）を海外から輸入している。日本国内で採掘できないからだ。世界の鉄鋼メーカーの中では、米国のメーカーが鉄鉱山を自社保有したり、中国の鉄鋼メーカーが原料炭の9割を自国内で調達したりしているが、日本高炉メーカーは海外の資源会社から購買する形となっている。

2018暦年の鉄鉱石類の輸入量（貿易統計ベース）は1億2185万トンだった。輸入先別では1位がオーストラリア（豪州）で7006万トン（構成比は57・5%）、2位がブラジルで3354万トン（同27・5%）、3位がカナダで652万トン（同5・4%）。上位2カ国で85%を、上位3カ国で90%を占めている。鉄鉱石は有力資源会社による市場の寡占化が進んでいる。世界の海上貿易量は15億トンとみられるが、供給サイドでは、三井物産が出資するブラジルのヴァーレ、豪州のリオティント、豪州BHPビリトン（三菱商事の原料炭合弁事業パートナー）の3社で世界海上貿易量の7割を占めている。

一方、鉄鉱石の購買側はどうだろう。世界の海上貿易量15億トンのうち、約10億トンは中国が買い付けている。需要の3分の2が中国であり、中国の動向によって鉄鉱石価格が大きく変動する構図になっている。

次に原料炭について見てみよう。高炉に装入するコークスを製造するために用いられる①強粘結炭、

②非微粘結炭と、③高炉に直接吹き込む微粉炭（PCI用炭）の3種類の石炭を総称して「原料炭」と呼んでいる。

2018暦年におけるわが国の原料炭輸入量は5883万トン。調達先を見ると長年、距離的に優位なことやカナダ炭、米国炭の割高感などもあって豪州の原料炭が主要ソースの位置づけにある。豪州炭は2018年に3886万トンが輸入され、全体の66%を占めた。2位がカナダ炭で685万トンだった。3位のロシア炭を合わせると、豪州、カナダ、ロシアの3大ソースで約9割を占める。分類の方法によって多少の違いがあるものの、全体の約6割が強粘結炭となっている。

中国メーカーの買い付け増で鉄鉱石価格が高止まり

ここ数年の傾向として、鉄鉱石価格の高止まりが続いている。足元では、トン当たりで比べて、石炭の価格より鉄鉱石の価格が高い局面がたびたびみられる。これは長い歴史の中で初めてのこと。掘削コストなどを考えると鉄鉱石より石炭の価格が高いほうが自然なのだが、逆転現象が起きているのだ。これはなぜだろうか。

理由は中国にある。中国鉄鋼メーカーが、石炭は主に国内炭を使うために海外からの買い付けという行為には出ないが、鉄鉱石については海外から手当てしているからだ。その数量が増えているため、鉄鉱石の価格だけが上がっている。

2020年の動きを見ても、中国鉄鋼メーカーの生産量は、過去最高レベルに増えている。先述した通り、世界の鉄鉱石需要のなかで中国が3分の2を占めていることから、中国要因によって鉄鉱石のスポット価格が押し上げられている。

中国で鉄鉱石を使うのは、高炉メーカーだけではない。中国では、鉄スクラップの発生量が使用量に足りておらず、鉄スクラップの回収・集荷システムも十分に確立されていない。そのため、小型高炉メーカーが鉄鉱石を原料として生産する銑鉄を原料として使う。これが鉄鉱石の需要増につながっている。

13 鉄鋼業界の働き方改革　女性活用・テレワークなど

社内保育所を相次ぎ開設。女性のライフイベント支える

鉄鋼業界でも働き方改革が進んでいる。キーワードは「多様性」だ。特に目立つのは女性の採用増加で、今や大手高炉メーカーでは全採用数のうち女性の採用比率は、スタッフ系社員で2割程度。中でも事務系（文系）だけを見れば3割程度に上昇しており、4割前後のメーカーもある。

一方で技術系（理科系）は15％程度だが、もともと理系に占めるリケジョ（理科系女子）比率が5～10％と言われる中では、相当な比率を採用している。

さらに製鉄所現場の操業整備系社員でも女性比率が1～2割に上昇している。昔は3Ｋ（キツイ・キタナイ・キケン）職場とも言われた製鉄所内の工場勤務でもかなりの数の女性が活躍しており、ひと昔前とは様変わりとなっている。

鉄鋼メーカーは女性社員の定着に向けて、さまざまな手立てを打っている。一例は現場における24時間体制の社内保育所の整備。高炉大手メーカー各社は製鉄所に社内保育所を相次ぎ開設している。経営トップは「製鉄所は男性の職場という考え方は変えていかないといけない」と考えるようになっている。

当初は労働力人口減少の中での人材の質確保という視点で女性の採用を増やし始めたが、女性スタッフの増加によるプラス面が現れてきたという声をよく耳にするようになった。

ある高炉メーカーの社長は「職場の雰囲気が大きく変わってきている。最も大きな変化は規律正しくなったこと。また、現場では20キログラムの重量物

を持ち上げるというような作業があるが、女性には持てない。すると、女性でも持ち運べるような器具を開発したりする。これは60歳以上のスタッフにとってもありがたい。こうした変化は従来はなかったことだ」と語っている。

次の課題は女性の定着対策と言える。保育園の整備だけでなく、育児短時間勤務制度や育児休業制度を拡充するなど、子育て世代の支援策が重要になってきている。

鉄鋼メーカーの中では既に退職後に再入社できるキャリアリターン制度や、夫の海外赴任に同行するための一定期間の休職制度などを取り入れている企業もあり、実際に利用する社員が出始めている。

連続操業が当たり前の鉄鋼業の職場では、一部の業界が進めようとしている「全社員一律の制度」はなじまないかもしれないが、個人ごとに定時退社を設定したりするなど工夫の余地はある。

設備のトラブルなど非常時の場合でも、ものづくり全体のサプライチェーンを維持するため、需要業界に鋼材を安定的に供給するという使命があるので、そうした役割を考慮した柔軟な対応をどう進めるかが課題になっている。

高炉メーカーでは、外国籍の社員の採用も増やしている。総合職に占める外国籍比率が約1割に達しているメーカーもある。主には中国、韓国、タイなど東アジアの人が多くなっているが、それ以外も含めて多様な国籍の人が採用されるようになっている。

経営トップが「人材のダイバーシティ（多様化）は企業の活力を高める源泉であり、変化に強い会社になる施策だと信じている」との考えを持つようになっており、鉄鋼業界の人材の多様化は加速している。

また新型コロナ禍の外出自粛期間の経験から、在宅勤務を中心としたテレワークが働き方の1つとして定着してきた。マイクロソフトチームズやズームといったオンライン会議ソフトを導入し、在宅勤務下であっても社内会議や取引先との商談が進められるようになっている。

14 AI、ビッグデータの活用 未来の鉄鋼業は？

ベテラン社員の匠の技、202X年にロボットが再現？

他の産業と同様に、鉄鋼業界でもAI（人工知能）やビッグデータ（大量データ）など高度デジタル技術を活用し、設備操業の安全向上や効率化に役立てようという動きが強まっている。新製鉄法の導入などと並んで、未来の鉄のつくり方を変える一要素になる可能性もありそうだ。

たとえば、あらゆるモノがインターネットにつながるIoTの環境が製鉄所内に広がれば、安全対策に有効だ。GPSを使って製鉄現場での従業員の位置を把握したり、温度センサを搭載したドローン（無人飛行機）を飛ばして、製鉄所内の温度の異変を早期にチェックしたりすることもできる。

製鉄所設備の象徴とも言える高炉の操業でも、ここにきてAIを活用する動きが加速している。これまで高炉はブラックボックスと呼ばれ、その操業はベテラン社員の匠の技に頼ってきた面が少なくない。

JFEスチールは2019年の秋までに、全国4地区の製鉄所にAI機能で高炉操業を支援する複数のガイダンスシステムを導入した。その1つが、大減産につながるリスクがある炉内現象「吹き抜け」を監視する「通気異常検知ガイダンス」。同社の製鉄技術者は「異常の見逃しを防ぐことができ、予兆の段階で適切な対策を打てる。吹き抜けを抑え込めるようになってきた」と成果を実感している。

日本製鉄でも2020年の秋に改修した室蘭製鉄所（北海道室蘭市）の第2高炉に対し、最新のAIを活用した操業支援システムを導入した。新システムは、炉内外のセンサから集めた温度やガス流量などの膨大な計測データをモデル計算で処理する。まだ部分的だが、出銑量を変えずに一定に保つ「定常操業」であれば、人手を介さずに羽口からの送風条件の調整作業を自動化できる見込みだ。

　高炉はいったんトラブルに陥ると復旧に時間がかかる。鉄鋼製品の安定供給に支障が生じ、経済的な損失も大きい。一方、高炉の現場では世代交代が進み、経験の浅い若手オペレーターが増えている。高炉メーカー各社は、ＡＩの活用で安定操業を徹底し、競争力向上につなげる取り組みを進めている。

　５Ｇの普及が、デジタル化を後押ししている面もある。ＪＦＥスチールの東日本製鉄所千葉地区（千葉市）では、熱延工場の管制室において２０２０年５月以降、生産ラインを監視するためのモニター映像と操業データを時間差なく分析できるようになった。大容量のデータ通信が可能な通信規格である５Ｇを活用したシステムの運用が始まった。工場内に取りつけた高精細な４Ｋカメラで撮影した加熱炉や圧延機などの映像を５Ｇの無線で管制室に電送。この４Ｋ映像と操業データを同期化させるシステムを構築した。

電炉メーカーもAI活用
鉄スクラップの検収作業を自動化

　デジタル技術の進展は鉄リサイクルの現場にも着実に影響を及ぼしている。特に期待されるのが、電炉メーカーが鉄スクラップを受け入れる際に等級などを判定する検収作業の自動化。スクラップの画像をＡＩで診断することで、検収員の目視に頼っている作業を自動で行い、省人化やコスト低減につなげる狙いがある。

　大手電炉メーカーの東京製鉄は２０１９年11月末、九州工場（北九州市）にＡＩを活用した画像診断による鉄スクラップ検収システムを導入し、画像データの蓄積作業をスタートさせた。画像データと同社の検収基準をシステムに学習させていき、当初は半年後の実稼働を計画していた。現状はデータ蓄積に取り組み中で、当初想定したよりも時間がかかっているが、意欲的に取り組みを進めている。

Chapter2

海外鉄鋼業と日本

1 中国に振り回される日本鉄鋼業

世界生産の53％は中国。消費でも世界の51％、2位インドの9倍

世界最大の鉄鋼生産国は中国だ。全世界の粗鋼生産量は18億6880万トン（2019暦年実績）で、そのうち中国は9億9630トンと過去最高を更新し、世界全体の53％を占めている。鉄鋼消費面で見ても、世界最大の消費国は中国。2019年の鋼材消費量は9億7700万トンと初の9億トン台乗せとなり、世界の51％を占める。

生産、消費の両面で世界2位はインドだが、中国はいずれも約9倍の規模となっており、圧倒的な存在感を持っている。なお、中国の鉄鋼内需のうち、過半の55％は建設分野が占めている。製造業分野向けが6割強を占める日本とは異なる需要構造となっている。

自他ともに認めるトップメーカーは宝武鋼鉄集団。2016年に宝山鋼鉄グループと武漢鋼鉄グループが経営統合して発足した。2019年の粗鋼生産量は世界2位の9547万トンと、同社がかねてから目標としてきた1億トンに近づいている。世界の中で一時期は圧倒的なガリバーだった1位のアルセロール・ミッタル社が9731万トンであり、わずかの差まで迫っている。2020年に、宝武鋼鉄は複数の国内鉄鋼メーカーの吸収合併を決めた。一方でアルセロール・ミッタルは米国事業の一部売却を決めており、宝武鋼鉄が世界一の座に躍り出る格好だ。

宝武鋼鉄集団の中で中核となる宝山鋼鉄の設立は1978年（昭和53年）。日中平和友好条約に基づ

世界粗鋼生産　企業ランキング上位30社

単位：百万トン、%

	社名	国名	2018	2019	伸び率 19/18
1	ArcelorMittal	ルクセンブルク	96.4	97.3	0.9
2	中国宝武鋼鉄集団	中国	67.4	95.5	41.6
3	日本製鉄	日本	49.2	51.7	5.0
4	河鋼集団	中国	46.8	46.6	-0.5
5	POSCO	韓国	42.9	43.1	0.6
6	江蘇沙鋼集団	中国	40.7	41.1	1.1
7	鞍山鋼鉄集団	中国	37.4	39.2	4.9
8	建龍集団	中国	27.9	31.2	11.9
9	Tata Steel	インド	27.3	30.2	10.6
10	首鋼集団	中国	27.3	29.3	7.3
11	山東鋼鉄集団	中国	23.2	27.6	18.8
12	JFE Steel	日本	29.2	27.4	-6.2
13	湖南華菱鋼鉄集団	中国	23.0	24.3	5.6
14	Nucor	アメリカ	25.5	23.1	-9.4
15	現代製鉄	韓国	21.9	21.6	-1.5
16	IMIDRO	イラン	16.8	16.8	0.0
17	JSW Steel	インド	16.8	16.3	-3.4
18	SAIL	インド	15.9	16.2	1.6
19	本渓鋼鉄集団	中国	15.9	16.2	1.8
20	方大鋼鉄集団	中国	15.5	15.7	1.0
21	NLMK	ロシア	17.4	15.6	-10.2
22	包頭鋼鉄集団	中国	15.3	15.5	1.4
23	中国鋼鉄（CSC）	台湾	15.9	15.2	-4.1
24	Techint	アルゼンチン	15.4	14.4	-6.1
25	広西柳州鋼鉄集団	中国	13.5	14.4	6.4
26	日照鋼鉄控股集団	中国	15.0	14.2	-5
27	U.S. Steel	アメリカ	15.4	13.9	-9.6
28	EVRAZ	ロシア	13.0	13.8	6.1
29	中信泰富	中国	12.6	13.6	8
30	Gerdau	ブラジル	15.8	13.1	-16.9

※ WSA（世界鉄鋼協会）の資料から作成
連結ベース。傘下企業分の算定基準は次のとおり
①中国企業は CISA（中国鋼鉄工業協会）の公式発表値
②出資企業が 50%以上の場合は 100%合算
③出資比率が 30%以上 50%未満の場合は比率配分した分を算入
④出資比率が 30%未満の場合は算入せず

く経済協力の象徴的プロジェクトとして誕生した。1972年（昭和47年）の日中国交回復から5年後の1977年、中国政府から大型一貫製鉄所建設への協力要請を受けて、プロジェクトが始まった。同年に、協力に関する調印が行われた後、翌1978年に当時の鄧小平副総理が来日し、新日本製鉄（当時）の君津製鉄所を視察。「これと同じものを、上海につくってほしい」と発言した。同年に宝鋼建設プロジェクト第一期の起工式が行われ、新日本製鉄が建設に全面的に協力。1985年に宝鋼の第一高炉が火入れした、という歴史がある。

その宝武鋼鉄は国営だが、中国の鉄鋼メーカーは国営、省営、民営の3つに分類される。中国政府は国内の古い設備を廃棄し、メーカーの再編統合を進める方針を打ち出しており、目玉となる大型国営メーカー再編策として、宝武鋼鉄集団がつくられた。

中国鉄鋼メーカーが大増産 鉄鉱石価格上昇で他国メーカーが悲鳴

今の日本鉄鋼業は、中国に振り回される状況が続

国別の鋼材消費量（2019暦年、世界鉄鋼協会まとめ）

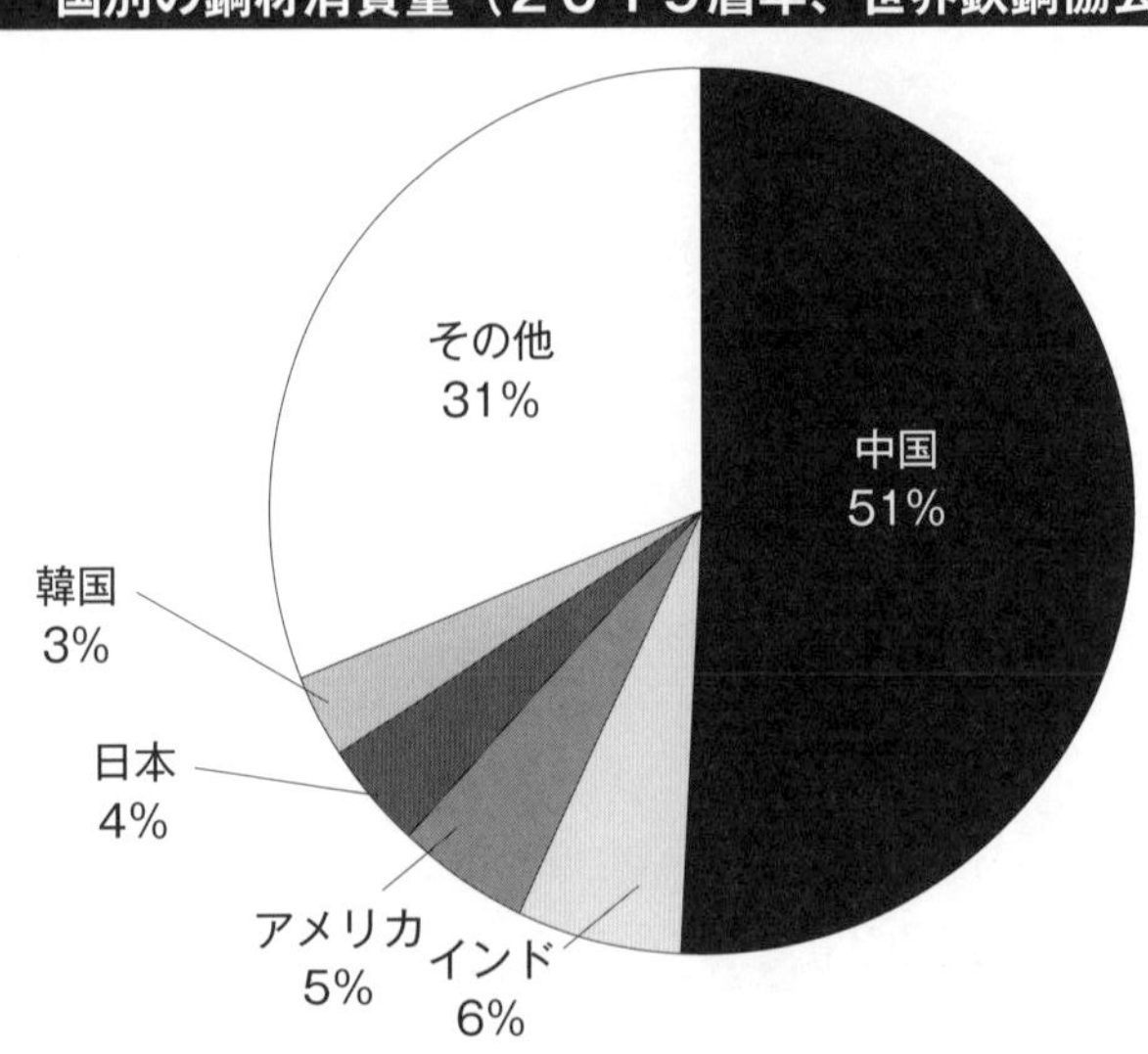

いている。最も象徴的なのは原料価格の推移だ。中国鉄鋼業は2020年、新型コロナウイルスによるダメージからいち早く回復し、2020年の5月以降は、単月ベースで過去最高の粗鋼生産量を記録している。2020年の1年を通して見ると、過去最高を更新するのは必至で、初の10億トン台乗せとなる可能性が高い。

それだけ鉄鋼を生産するには、多量の鉄鉱石を輸入する必要がある。中国では石炭は国内で採れるが、鉄鉱石は輸入に頼っている。鉄鉱石の世界海上貿易量15億トンのうち、約10億トンは中国が買い付けている。世界貿易の3分の2が中国という構図であり、中国の動向によって鉄鉱石価格が大きく変動する。生産を増やすために原料を多く買いつける中国鉄鋼メーカーのお陰で鉄鉱石の価格が高くなり、鉄鋼需要が低迷している日本などその他地域の鉄鋼メーカーが高コストで苦しみ、悲鳴をあげている。

中国に振り回されるという点で見ると、中国からの鉄鋼輸出が世界貿易のかく乱要因となり得る。とにかく図体がでかいため、仮に国内生産分の10％を輸出すれば年間1億トン。日本の全生産量と同じ規模が海外マーケットに放出される。過去には2014年に、それまで増え続けてきた中国国内の鉄鋼消費量が初めて前年比で減少した。そのため余った鉄が国外に放出され、2015年の鋼材輸出量は過去最高の1億1240万トンに膨れ上がった。2017年以降はそれほどの量が輸出されることにはなっていないが、依然として東アジアを中心に市場の懸念要因となり続けている。

中国の輸出が問題視されるのは、数量とともに価格面の問題がある。「経済原則に合っていない」という指摘だ。中国の場合、赤字の企業に対し、雇用を守る前提で地方政府の補助金が支給されているという見方もある。

今後の中国鉄鋼業を展望するうえでポイントとなるのは、中国の沿岸部につくられる最新設備の稼働状況だろう。大まかに言えば、今の中国の粗鋼生産量は10億トンで、今後はそのうち4億5000万トンが最新鋭ミルに置き換わる計画。4億5000万トンのうち1億8000万トンが沿岸部で建設され、

2021年末までに既存ミル含め3億トンが沿岸部での稼働になると見られる。沿岸部は海外への輸出がしやすい立地であり、中国製鋼材がこれまで以上に東アジア市場に出てきやすい状況になる。

中国国内の電炉比率は1割。2割になれば鉄スクラップの国際価格上昇

中国における電炉比率にも注視が必要だ。2019年の電炉メーカーによる生産量は1億トン程度で、電炉比率は約1割と横ばいで推移している。中国政府はCO2排出削減の観点から、電炉比率を2割に上昇させたい意向を持つ。政府の意向通り、電炉比率が上がっていくと、原料となる鉄スクラップの需要が高まる。中国国内では鉄スクラップの発生量がそれほど多くなく、また、集荷や物流を含めて国内での鉄スクラップ循環の仕組みが出来上がっていない。そのため鉄スクラップを海外から買いつける必要があり、鉄スクラップの国際価格が上がる。

鉄スクラップは国際商品であり、日本電炉メーカーのコストにも影響が及ぶ。さらに言えば、中国の高炉比率が下がることで鉄鉱石への需要が低下し、鉄鉱石価格が低下するシナリオが考えられる。そうなれば日本高炉メーカーにとってはコストが下がる要因となり、原料価格の変動リスクは中国次第とも言える。原料価格の変動を通じて、中国が日本の鉄鋼業界に大きなインパクトを与える。

東アジアの鉄鋼市場、中国・宝鋼が価格主導権を握っている

現在、日本を含む東アジアの鉄鋼市場で、価格主導権を持っているのはやはり中国の鉄鋼メーカーと言える。その中でもトップメーカーである宝山鋼鉄の販売価格が最も注目を集めており、1つの指標価格となっている。

宝山鋼鉄の動きを追う時に、注目すべき製鉄所がある。それは宝山鋼鉄が広東省の湛江に新設して稼働した湛江製鉄所だ。今は高炉2基体制だが、これを拡張して能力を大きく増やす計画を持つ。大きな原料船が着岸可能な港湾を持ち、上海など大都市に比べて人件費が安いこと、さらには大需要地に近い

利点もあわせ持っている。今は中国国内向けの販売が主体だが、将来的には地の利を生かしてアセアン市場への販売を増やしそうだ。そうなれば、日本メーカーとの競合が激しくなることが想定される。

中国と日本のメーカーは、合弁事業を展開するパートナー

日本高炉メーカーと中国高炉メーカーは双方の輸出先であるアセアン市場などで競合するライバルだが、一方で、合弁事業を行うパートナーの関係でもある。

日本製鉄は2004年に上海市宝山区で、宝山鋼鉄（現宝武鋼鉄）と「宝鋼新日鉄自動車鋼板有限公司（略称・BNA社）」を設立した。現在は冷延ラインや連続焼鈍ラインのほか、溶融亜鉛めっきライン4基を持っている。

JFEスチールは2003年、広州鋼鉄（現在は宝武鋼鉄系）との間で広州JFE鋼板有限公司（略称・GJSS社）を設立し、自動車鋼板事業を展開。冷延ラインや連続焼鈍ライン、溶融亜鉛めっきライン2基を操業している。また2020年には宝武鋼鉄集団傘下の広東韶関鋼鉄を親会社とする高炉メーカー、広東韶鋼松山が運営する特殊鋼棒鋼圧延・精整会社「宝鋼特鋼韶関」に資本参加。広東韶鋼松山との間で折半出資の「宝武特鋼傑富意」（略称・BJSS社）を設立し、特殊鋼棒線事業の海外展開を図っている。

神戸製鋼所は2014年に鞍山鋼鉄との間で冷延ハイテン鋼板を製造販売する鞍鋼神鋼冷延高張力自動車鋼板有限公司を設立するなど、鉄鋼各社は自動車分野主体に現地での合弁事業を進めている。

日本企業が単独では現地に進出できない法律上の問題などもあったほか、現地パートナーと組むことでカントリーリスクをコントロールし、中間製品である原板をパートナーに現地供給してもらうスキームを組む事情などから、こうした合弁事業が生まれている。

2 世界3位の鉄鋼消費国、アメリカ

ニューコア社など電炉が優位。国内生産の7割占める

米国は、中国、インドに続く世界第3位の鉄鋼消費国となっている。鋼材消費量は2019年で9770万トン。粗鋼生産量では8660万トン（2019年実績）と中国、インド、日本に続く世界第4位。2019年の統計を見ると、米国は700万トンを輸出し、2700万トンを輸入して国内の鋼材需要を満たしている構図となっており、世界最大の鉄鋼純輸入国となっている。

国内の粗鋼生産のうち電炉メーカーが約7割を占め、高炉は約3割。保護主義でAD（アンチダンピング）提訴などにより国内鉄鋼業を守る姿勢が強い。トランプ大統領が就任して、ますますその傾向が強まった。保護主義のため、鋼材価格は世界の他の地域よりも高値で推移する傾向がある。

米国ではなぜ電炉が優位なのか？　電炉が7割と述べたが、同国最大の鉄鋼メーカーは電炉メーカーのニューコア社であり、2019年実績では粗鋼生産2309万トンと世界14位のメーカーとなっている。鉄スクラップが歴史的に安値で推移していることが電炉のコスト競争力を優位にしているほか、電炉メーカーは管理部門や研究開発部門の人数が少ない〝小さな本社〟で運営するなど1人当たりの管理部門運営コストが安い。

労働組合の有無も、高炉と電炉の違いの1つだ。米国の高炉メーカーは、製鉄所に労働組合が組織されているが、電炉はニューコアもSDI社（スチール・ダイナミックス）も組合を持っていない。高炉

の中でもAKスチール社は特に複雑だ。USW（全米鉄鋼労組）傘下の組合はアシュランドとマンスフィールドの2製鉄所だけで、ロックポートなど4製鉄所がUAW（全米自動車労組）、ミドルタウン製鉄所がIAM（国際機械工労組）と、3つの労働組合系列が入り混じっている

ニューコアのジョン・フェリオラ前CEOは、筆者のインタビューで「（米国での電炉の強さは）さまざまな要因が合わさっているが、ひと言で言えば効率経営の追求。技術革新でコストを下げる努力をしているし、電炉の特性から、需要変動に応じて生産量を機動的に対応することが可能だ」と説明している。

筆者のインタビューに応じる米国最大メーカー・ニューコア社のジョン・フェリオラ前CEO

クリフスがミッタルUSAを買収 高炉はUSスチールと2大メーカー時代

米国で最近注目を集めているのが、新興電炉メーカーのビッグ・リバー・スチール（BRS）社だ。高炉メーカーのUSスチールが2019年10月に7億ドル出資し、49・9％の株式を取得した。USスチールは高炉一貫製鉄事業が振るわないこともあり、電炉へシフトする動きを見せている。2020年12月、USスチールはビッグ・リバー・スチールの株式51％を追加取得し、完全子会社化すると発表した。

USスチールはフェアフィールド（アラバマ州）で電炉を新設する計画があり、これにビッグ・リバー・スチールが協力するものとみられる。先ほど述べたように、米国では電炉比率が約7割だが、U

Sスチールの動きなどを勘案すると、いずれ8割程度に高まる可能性が高い。

2020年は米国の鉄鋼業界にとって、大きな変化があった年だった。米国の鉄鉱石大手であるクリーブランド・クリフス社が、資源会社の枠を超え、「川下戦略」として製鉄事業に進出した。

同年3月には株式交換でAKスチールを子会社化し、9月にはアルセロール・ミッタルUSA社の買収を決めた。一気に米国内5カ所で高炉を保有することになり、鋼板出荷量は年間1650万ネットトン（紙トン数）へと北米最大のプレーヤーに躍進する。

これらの買収劇により、北米の高炉メーカーは事実上、USスチールとクリフスの2大メーカーに集約され、業界地図が大きく変貌することになった。

アルセロール・ミッタルは老朽化が進む米国の高炉一貫製鉄所を、多額の設備投資資金をかけてまで維持する気になれず、今後の事業展望を見いだせなかったのかもしれない。一方で、鉄鉱石を生産するクリーブランド・クリフスにとっては、鉄鉱石の販売先を確保するために、ミッタルの製鉄所を確保する意味合いがある。両社の思惑が一致したといえるが、個別企業の問題にとどまらず、米国において高炉業が今後も存続しうるのか、という点で今後も目が離せない。

日本製鉄・神戸製鋼など、現地メーカーと合弁事業

現時点での日本メーカーと北米メーカーの現地合弁事業を見ると、日本製鉄が世界大手のアルセロール・ミッタル社と合弁で、南部のアラバマ州でのAM／NSカルバート社などを展開。神戸製鋼所はUSスチール社との合弁でプロテック・コーティング・カンパニー社を事業展開するなど、自動車分野を中心に日系ユーザー向けの現地供給体制構築を強化している。

またJFEスチールは、米国西海岸でCSI社（カリフォルニア・スチール・インダストリーズ）を展開している。またニューコア社との合弁事業の形で、メキシコにおいて自動車向けの薄板合弁事業

に乗り出している。

日本鉄鋼メーカーの中には、過去に米国鉄鋼メーカーを子会社化して経営権を握ったケースもあったが、それは撤退に追い込まれた。海外企業をマネジメントできる力がなかったのも理由の1つだし、米国事業の業績が悪化したときに本体（日本側）が支えられるだけの体力を持っていなかったのも一因だろう。

先進国の中で、珍しく人口が増え続け、国内鋼材需要が増えると想定される稀有な地域。新興国に比べ、はるかにカントリーリスクは低い。メキシコもあわせて北米市場全体の枠組みで考えれば、主要ユーザーの自動車分野向け需要中心に、一段と市場が拡大していくだろう。

神戸製鋼とUSスチールの合弁事業プロテック社

3 東南アジアは日本の準ホームマーケット

大型高炉一貫製鉄所が稼働。ベトナム案件にはJFEが参画

東南アジア地域は数年前まで鋼材消費が主要6カ国計で年間6000万トン程度となっていて、日本と同規模だった。それが今では8000万トンを超え、コロナ禍による一時的な落ち込みはあるものの今後も伸びゆく市場だ。日本にとっては準ホームマーケットと呼べる地域。主要ユーザーの自動車で考えると、大市場のタイやインドネシアでは、日本車比率が9割を超えている。日本の自動車メーカーは、品質や加工面で使い慣れている日本材を好むため、競合メーカーとの価格差にもよるが、日本製鋼材を使いたいとのニーズは強い。早くからアセアンに進出した日系電機メーカーのニーズなどと合わせ、そうした要望に応じる形で日本の高炉メーカーは薄板合弁事業などを展開し、現地生産を進めてきた歴史がある。

アセアン地域はこれまで、域内に鉄源製造拠点となる大型一貫製鉄所があまり存在していなかった。それがここにきて、韓国ポスコがインドネシアで国営クラカタウスチールと合弁で運営している「クラカタウ・ポスコ」、さらにベトナムで台湾プラスチック、台湾のCSC社（中国鋼鉄）、JFEスチールが合弁で進めている「フォルモサ・ハティン・スチール（FHS）」などの大型高炉一貫製鉄所が稼働し、需給構造に変化がみられる。

日本のJFEスチールが株主として出資参画しているFHS社について、少し詳しく説明したい。

ベトナムで2017年5月に一号高炉に火入れし

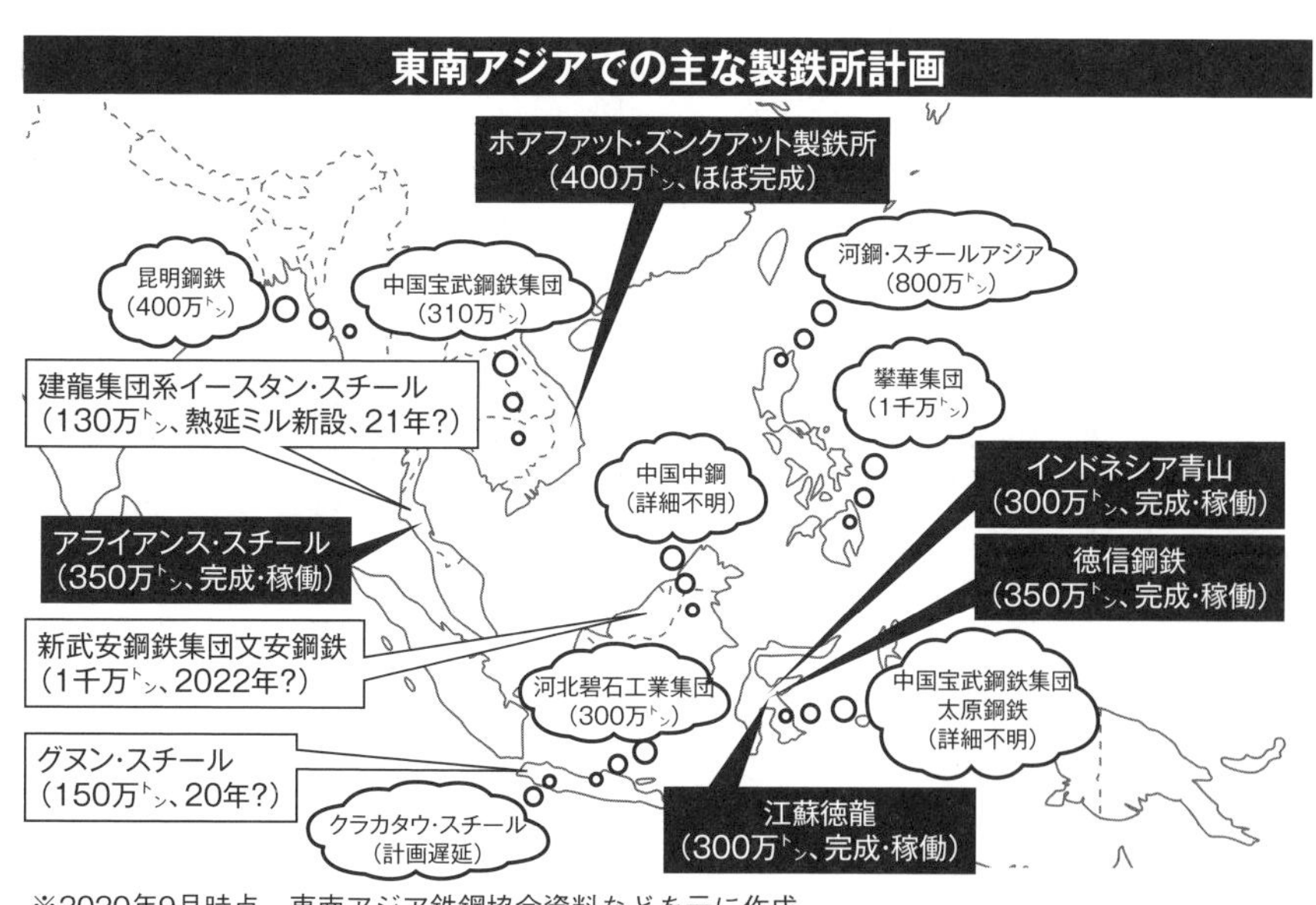

※2020年9月時点、東南アジア鉄鋼協会資料などを元に作成

たＦＨＳ社は、最終的には年産２０００万トン規模の高炉一貫製鉄所を建設する東南アジアで最大規模の鉄鋼プロジェクト。計画は１期および２期があり、１期の総投資は約１００億ドル（約１兆１０００億円）。２基の高炉を稼働し、年産７００万トン規模の製鉄所とした後、さらに高炉１基を加えて年産１０００万トン規模の一貫製鉄所とする。ＦＨＳの最大の狙いはベトナム国内での輸入材の代替だ。輸入材の大部分は中国製で、これに品質・コスト両面で対抗できるかどうかがＦＨＳ社成功のカギを握る。

ＦＨＳ社による高炉一貫プロジェクトは、新興国の鉄鋼業の発展モデルとして、非常に稀有なケースと言える。「鉄は国家なり」「国家は鉄なり」と言われるように、その国にとって第一号となる高炉製鉄所プロジェクトは、国営企業など地場に根づいて政治力がある企業が主体的な出資者として事業体に参画するケースがほとんど。今回のように外資合弁で行われるケースはまれなケースになる。新興国における高炉一貫プロジェクトは通常、関税などで国が保護するケースが多い。ベトナムではリローラーが熱延コイルを多量に輸入しているため、国内鉄源企業を保護する仕組みになっていない。そうした構造の中で製鉄業が発展を目指すことも非常に珍しい事例となる。

中国ミルの相次ぐ新製鉄所計画。生産能力の過剰問題が懸念に

今後のかく乱要因となりそうなのは、中国鉄鋼メーカーによるアセアンでの能力拡大だ。中国国内では政府の方針によって能力拡大が制限されており、一帯一路政策として東南アジアで新たな製鉄所を建設する計画が目白押しだ。こうした動きについて、アセアンを準ホームマーケットとしてきた日本鉄鋼業界関係者は強い関心を持って見ている状況にある。地元のアセアン鉄鋼業関係者からは「雇用や技術移転の機会をもたらす半面、規模や技術力に劣る地場鉄鋼メーカーの存続を脅かす」(東南アジア鉄鋼協会のヨウ・ウィ・ジン事務局長)などという声があがっている。

東南アジア鉄鋼協会のヨウ・ウィ・ジン事務局長とシャム・シー・イエン・マレーシア国民大学教授がユソフ・イサーク研究所(ISEAS)で発表した論文を見てみよう。そこでは、中国勢によるアセアン進出の影響が分析されている。

2019年までに東南アジアで稼働した中国系の製鉄所はマレーシアのアライアンス・スチール(年産能力350万トン)とイースタン・スチール(同200万トン)、インドネシア青山集団(同300万トン)の3つ。このほかインドネシアの徳信鋼鉄(同350万トン)や河北碧石工業集団の計画(同300万トン)、マレーシアでの新武安鋼鉄集団文安鋼鉄による計画(同1000万トン)、フィリピンでの河鋼集団の計画(同800万トン)、攀華集団の計画(同1000万トン)、カンボジアでの中国宝武鋼鉄集団の計画(同310万トン)、ミャンマーでの昆明鋼鉄の計画(同400万トン)などがあり、合算した粗鋼年産能力は5010万トンにのぼる。

論文によると、アセアン域内の鉄鋼需要は約8000万トンで大きな伸びが期待できないとしている。

現時点ですでに、条鋼類は生産能力が過剰だと指摘している。現状、アセアンが抱える過剰能力は1400万～2000万トンにのぼるが、すべての中国系の製鉄所およびベトナムのホア・ファットなど現地企業の新製鉄所計画が実現した場合、年率5%の鋼材需要増を織り込んでも「将来は過剰能力が8280万～8860万トンに拡大する」と試算。これだけの生産能力過剰分を需要増によって解消するには20年以上がかかることになり、東南アジア地域を有力な輸出先としている日本鉄鋼メーカーにとって大きな影響が及ぶことになる。

鉄鋼消費の最大国はベトナム。2位はタイ、3位はインドネシア

東南アジアの鉄鋼需要（鉄鋼見掛消費）を国別に見てみよう。全体では1998年からこれまで年率7%程度の成長を続け、2019年に8100万トンと前年比1・2%増えて過去最高を記録した。品種別で見ると、条鋼類の消費は3918万トンと1%減ったが、鋼板類は4182万トンと3%増加し、過去最高となった。

国別で最も消費量が大きいのはベトナム。2019年は前年比9%増の2431万トンとなり、3年ぶりに過去最高を更新した。品種別では鋼板類が14%増の1307万トン、条鋼類が3・7%増の1119万トンだった。ベトナムはタイに比べて製造業の集積が進んでおらず、建設分野の需要が大半となっている。

2位はタイ。2019年は前年比3・8%減の1859万トンとなり、4年ぶりに1900万トンを割り込んだ。品種別では鋼板類が1163万トン、条鋼類が696万トンだった。分野別の内訳を見ると、建材が58%を占め、次いで自動車が22%となる。タイは東南アジアの中で自動車産業が集積している。続いて機械が9%、家電が7%、缶など容器が4%となっている。

3位はインドネシア。2019年は前年比5・3%増の1590万トンとなり、2年連続で過去最高を更新した。

Chapter3

鉄鋼製品ができるまで

1 鉄鋼生産プロセス

高炉法の主原料は鉄鉱石と原料炭
鉄スクラップや合金鉄も加えて成分調整

鉄鋼業をよく知って研究するには、鉄鋼製品がどういう過程、工程を経てつくられるのかを知ることも欠かせない事柄の1つだ。

全国鋼材生産の約8割を占めるのが高炉法であり、わが国重厚長大産業を代表する業種でもある高炉業について、まずは大まかな理解を深めたい。

高炉法でつくられる鉄鋼製品は①製銑（せいせん）工程（高炉工程）、②製鋼工程、③圧延工程の大きく3つのプロセスを経て、製鉄所内でつくられていく。

製銑工程は、高炉設備により、鉄鉱石から酸素を取り除き、銑鉄（せんてつ）をつくり出す。次の製鋼工程は、銑鉄に含まれる不純物をさらに取り除き、鋼（はがね）をつくり出す。鋼は鋳造プロセスによって固められて、形状によってビレット、ブルーム、スラブと呼ばれる半製品になる。その後、圧延工程に進み、半製品を圧延することで、ユーザーの求める厚みや幅の鉄鋼製品ができあがっていく。

高炉法において、鉄のもととなる原料は鉄鉱石だ。しかし、鉄鉱石だけでは鉄はつくれない。鉄鉱石を溶かして鉄分を取り出す高炉の中に、石炭を蒸し焼きにしたコークスや石灰石を一緒に入れる必要がある。

また、鋼をつくる製鋼工場の炉には、鉄スクラップやフェロマンガン、フェロシリコンなどいろいろな副原料を入れる必要がある。それらの成分を調整することで、さまざまな品質の鋼をつくり分けることができるのだ。

鉄鋼製品ができるまでの流れ

電　炉

原料調達

市中回収スクラップ
（橋、ビル、家屋、自動車）
工場発生の廃物

溶解・精錬

電気炉で鉄スクラップを溶かす。

高　炉

原料調達

鉄鉱石、原料炭
副原料、スクラップ

製　　銑

鉄鉱石から酸素を取り除き銑鉄をつくる。

製　鋼

銑鉄に含まれた不純物を取り除き「鋼」
をつくり出す。

鋳　造

ビレット、ブルーム、スラブという半製品に。

圧　延

さまざまなロールに通して製品の形に。

精　整

仕上げ工程を経て棒鋼、線材、H形鋼、厚板などの製品に。

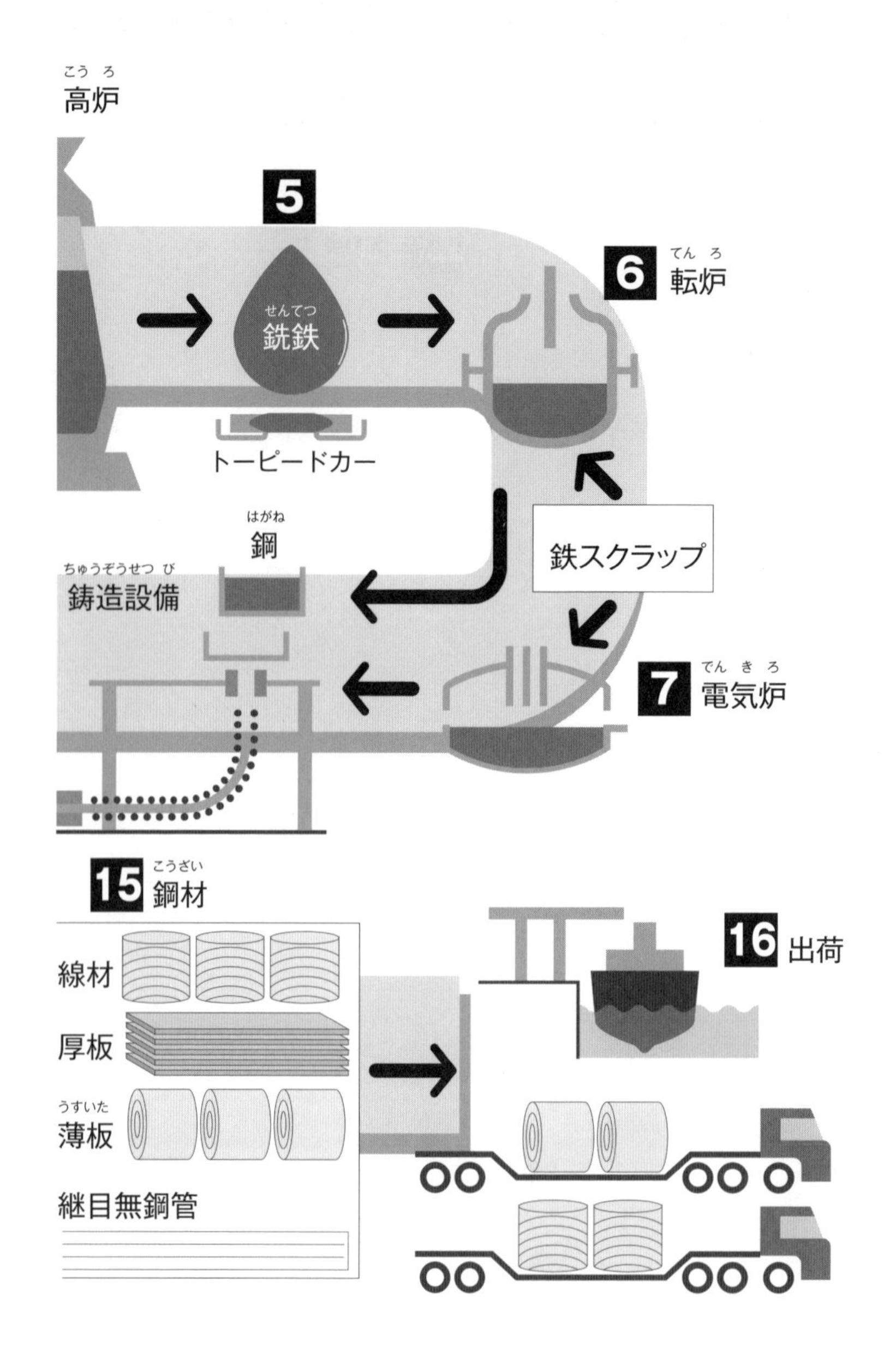
高炉
5
銑鉄
6
転炉
トーピードカー
鋼
鉄スクラップ
鋳造設備
7
電気炉
15
鋼材
線材
厚板
薄板
継目無鋼管
16
出荷

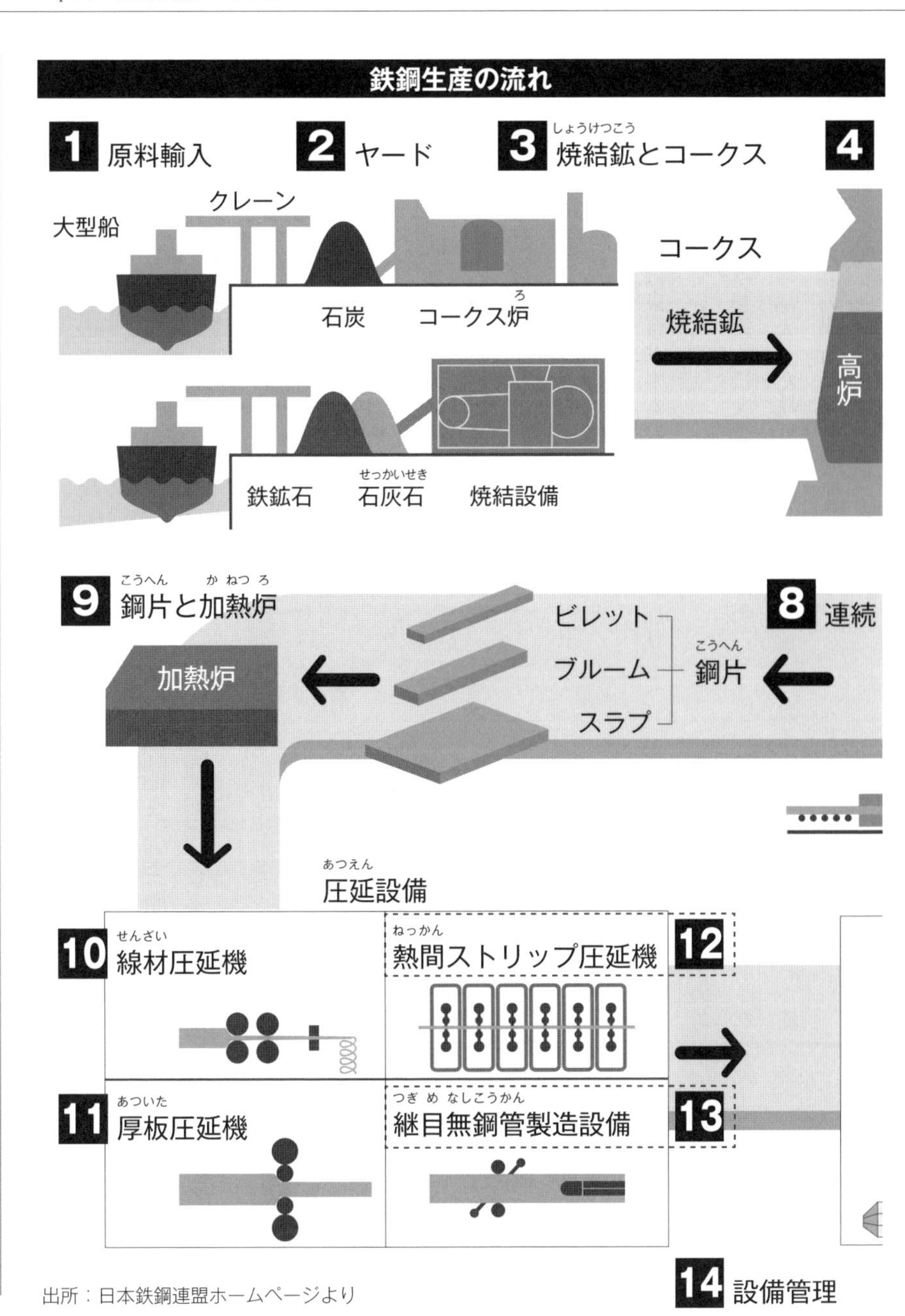

出所：日本鉄鋼連盟ホームページより

以上のようなことから、鉄鉱石と原料炭（コークスの原料になる石炭）のことを、主原料と呼ぶ。また、フェロマンガンやフェロシリコンなど、主に製鋼工場において添加する合金鉄などを副原料と呼ぶ。

鉄鉱石にはさまざまな種類がある。主なものは赤鉄鉱、磁鉄鉱、褐鉄鉱で、日本で使われているのは鉄分の含有率が60％前後のもの。これらの鉄鉱石はオーストラリアやブラジル、インドから輸入されている。ゴロゴロした石の姿を思い浮かべる読者が多いと思うが、そのような塊鉱石は意外と少なく、5ミリメートル以下の粉状の鉱石（粉鉱石）が多い。

鉄をつくる製鉄所は、まるで1つの町のようだ。敷地内では電車も走っているし、信号もある。東京ドームの面積は約4万6755平方メートルだが、国内にある製鉄所は東京ドームの約150～260個分の広さになっている。

海に面した臨海型製鉄所になっていることが多いが、これは海外から輸入した鉄鉱石などの原料の積み下ろしや鉄鋼製品の出荷に便利だからである。

海外では、内陸部で鉄鉱石などが採掘できるという理由で、資源立地の内陸型製鉄所もしばしば見かける。

電炉法の主原料は鉄スクラップ 熱で溶かし、酸素や硫黄を取り除く

高炉法と並ぶ製造法が電気炉法（電炉法）。電気炉の原料は鉄鉱石ではなく、工場や建設現場で発生する鉄スクラップだ。

電気炉にはアーク式と高周波誘導式があり、アーク式は電極と鉄スクラップとの間にアークを飛ばし、その熱で精錬する方式。高周波誘導式はルツボの周りにコイルを巻いて高周波の電流を通し、鉄スクラップに誘導電流を発生させてその抵抗熱で精錬する方式となっている。

アーク式電気炉はふたのついた鍋のような形で、ふたに黒鉛でできた太い電極が垂直に差し込まれている。電流を流してアークを発生させ、酸素を吹き込み、電弧熱と反応熱で鉄スクラップを溶かしたのち（これを酸化精錬と言う）、酸素や硫黄を取り除く還元精錬を行っている。

2 製銑工程

製鉄プロセスの入り口が「製銑」酸素を除去し、まずは銑鉄をつくる

製鉄プロセスでの第一段階となる「製銑工程」は、高炉（溶鉱炉とも言う）と言われる炉で、鉄鉱石から「銑鉄」をつくり出す工程を指す。

高炉は製鉄所のシンボル。高さは約100メートル強。日本では、内容積5000立法メートル以上の世界最大級の設備が増えている。ここから1日におよそ1万トンもの銑鉄が生み出されている。

鉄鉱石には鉄分が60％前後含まれているが、酸素としっかり化合しているため、鉄分を取り出すには酸素を除去（これを還元と言う）する必要がある。還元するためには高炉の中に「還元材」を入れる必要がある。それが石炭を蒸し焼きにしたコークス。蒸し焼きにする設備を、コークス炉と言う。十数時間かけて蒸し焼きにするとコークスができあがる。

コークスには、溶けた鉄の通路（通り道）を確保する役割もある。そのため高炉用コークスには、簡単につぶれたり崩れたりしない硬さと強さが求められる。粒度が揃い、灰分、水分、硫黄分が少ないことなども条件になる。粘結性に富む強粘結炭と呼ばれる石炭が使われ、強粘結炭に多少の弱粘結炭を配合して、炉に装入されて蒸し焼きにされる。

鉄鉱石は粉状のものが多いと書いたが、粉にした鉄鉱石（粉鉱石）を高炉にそのまま装入すると、高炉は目づまりを起こしてしまう。そこで粉鉱石に粉コークスと5～15％の石灰石を混ぜ、一定の大きさに焼き固める。この工程を焼結と言う。粉鉱石の固め方にはペレットにする方法もある。ペレットは微

粉鉱石に水と粘結剤を加えて直径10～30ミリメートル球状にし、焼き固めたものを言う。焼結設備やペレット製造設備も、製銑工程を構成する大事な設備となっている。

高炉の中では、鉄鉱石と石炭が交互に層 高温ガスで溶けた鉄が、炭素で還元反応

高炉設備のプロセスは、高炉の最上部（炉頂と言う）にコンベアで運び上げられた鉄鉱石とコークスが、高炉に層をなして装入され、炉内に積み重ねられる。コークスは炉の下から吹き込まれる熱風や酸素と反応し、一酸化炭素や水素などのガスを発生する。この高温ガスは強い上昇気流となって炉内を吹きのぼり、鉄鉱石を溶かしながら酸素を奪い取っていく。これを間接還元と呼ぶ。

溶けた鉄は炉内を激しく流れ落ち、コークスの炭素と接触して、さらに還元（直接還元）され、溶銑となって炉底の湯溜まり部に溜まる。これを銑鉄と呼ぶ。溶銑とは、溶けた銑鉄を指す。

銑鉄には炭素がまだ4～5％含まれているため硬くてもろい。その炭素などを除去するため、高炉の出銑口から取り出された銑鉄（溶銑）が製鋼工場へ運ばれていく。

最近は不純物のより少ない鉄が求められており、製鋼工程に入る前に銑鉄に含まれているけい素、燐や硫黄を除去する工程（溶銑予備処理）を行うようになっている。

製銑工程の仕組み

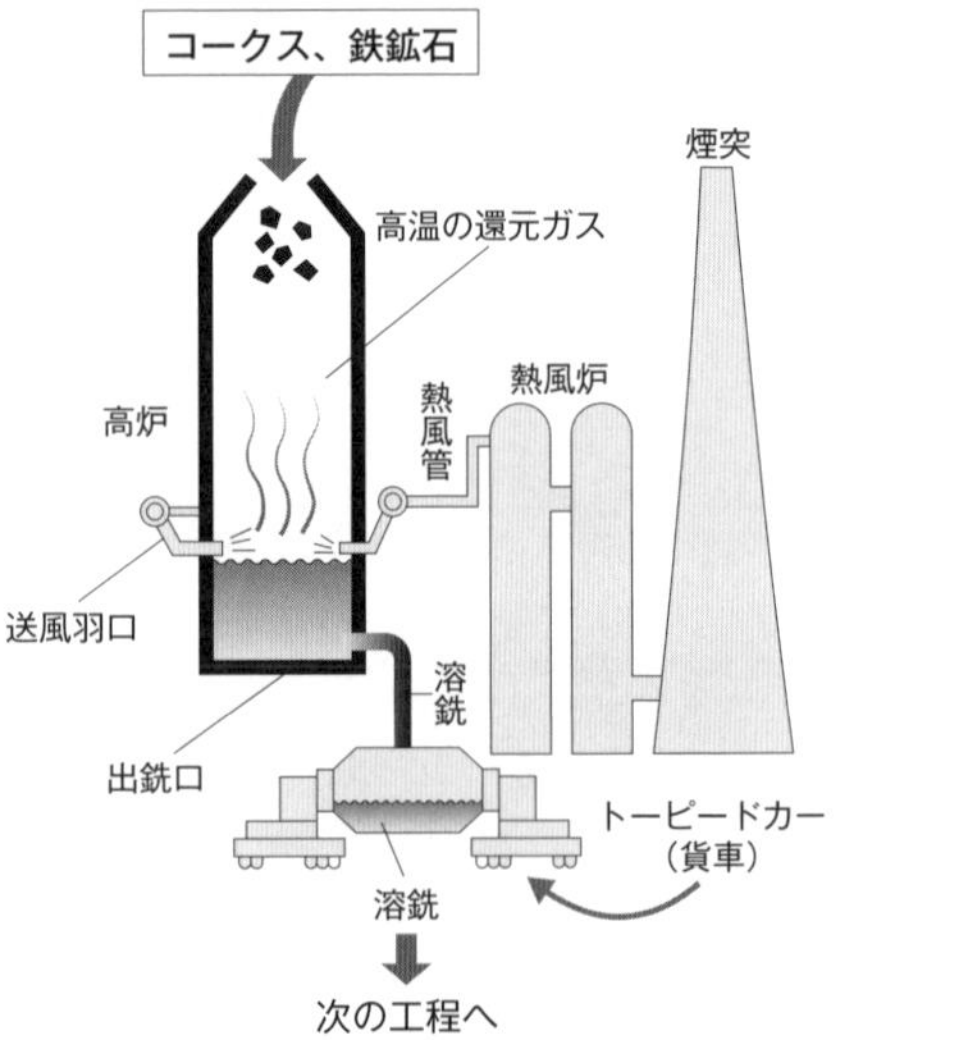

3

製鋼工程・鋳造工程

銑鉄から鋼を造るのが「製鋼」炭素減らし、不純物も取り除く

日常、われわれが「鉄」と呼ぶ金属は、多くの場合「鋼（はがね）」である。英語で言えばアイアンではなく、スチール。

製銑工程でつくられた「銑鉄」に含まれている炭素の割合を減らし不純物を除くと、強くてねばりのある鉄、つまり強靭な鉄ができる。これを鋼と言う。鉄と鋼は、炭素の含有量で区別されている。

鋼は大きなつぼ型の転炉と呼ぶ設備でつくられる。転炉に銑鉄を注ぎ込み、生石灰を入れ、酸素を吹きつける。そうすることで炭素や不純物が燃え、高温になって溶けた鋼ができあがるのだ。

銑鉄を粘りのある強靭な鋼にするためには、炭素を徹底的に減らし、また、溶銑予備処理でも取り切れなかった燐、硫黄、けい素などの不純物を極力除去する必要がある。

製鋼プロセスでは「精錬」を行う。高級鋼を造るには「二次精錬」も

製鋼工程のプロセスは、転炉にまず少量の鉄スクラップを入れ、続いて高炉から取鍋と呼ばれる巨大な鍋で運ばれてきた溶銑を流し込む。それで精錬が始まる。

精錬は、銑鉄に炭酸カルシウム（生石灰（きせっかい））などを混ぜてから、酸素を吹き込むことによって行われる。大きな圧力をかけて吹き付けられる高純度の酸素は、銑鉄の中の炭素やけい素、マンガンなどと急速に反応し、高熱（酸化熱）を発生して溶融させる。

Chap.1 最新動向
Chap.2 海外事情
Chap.3 鉄鋼製品
Chap.4 流通販売
Chap.5 主要企業
Chap.6 注目企業
Chap.7 仕事人
Chap.8 採用動向
Chap.9 歴史

この酸化反応で生じた酸化物や燐、硫黄などの不純物は、生石灰などと化合して、転炉スラグ（転炉滓）として固定される。

1回に精錬する300〜350トンの溶銑に酸素を吹き付ける「吹錬」は、わずか20分以内で終わる。次は仕上げ工程に移る。成分調整や酸素除去のために少量のフェロマンガン、フェロシリコン、アルミニウムなどの副原料を加え、装入時とは反対側に炉体を傾け、白熱した鋼を取鍋に流し出す。

この溶けた鋼を、さらに成分調整することもある。特に高級鋼を生産するときなど、二次精錬と呼ぶプロセスが行われることが多い。

二次精錬の方法はいろいろあるが、真空の容器に溶鋼を入れ、不活性ガスで攪拌しながら、好ましくない酸素や水素などの成分をガスとして抜いてしまう真空脱ガス法などが広く使われている。

溶けた鋼を「連続鋳造設備」で固める。スラブと呼ばれる半製品が完成

溶けた鋼（溶鋼）は連続鋳造設備（CC）により鋼片という半製品に固められる。

連続鋳造プロセスとしては、設備の一番上の部分から溶鋼が鋳型へ滝のように注がれる。その鋳型を冷却し、中で固まってきた鋼を鋳型の底から連続的に引き出し、垂直にあるいはカーブさせながら下へ降ろして引っ張っていく。

製鉄所見学で見たことのある読者もいるかもしれないが、溶けていた鋼が分厚い固まりになって切れ目なくゆっくり流れ下っていく。こうして固まった帯状の鋼片（こうへん）は、ガス切断機で所定の長さに切り分けられ、形状によってスラブ、ビレット、ブルームなどと呼ばれる半製品になる。

製鋼工程の仕組み

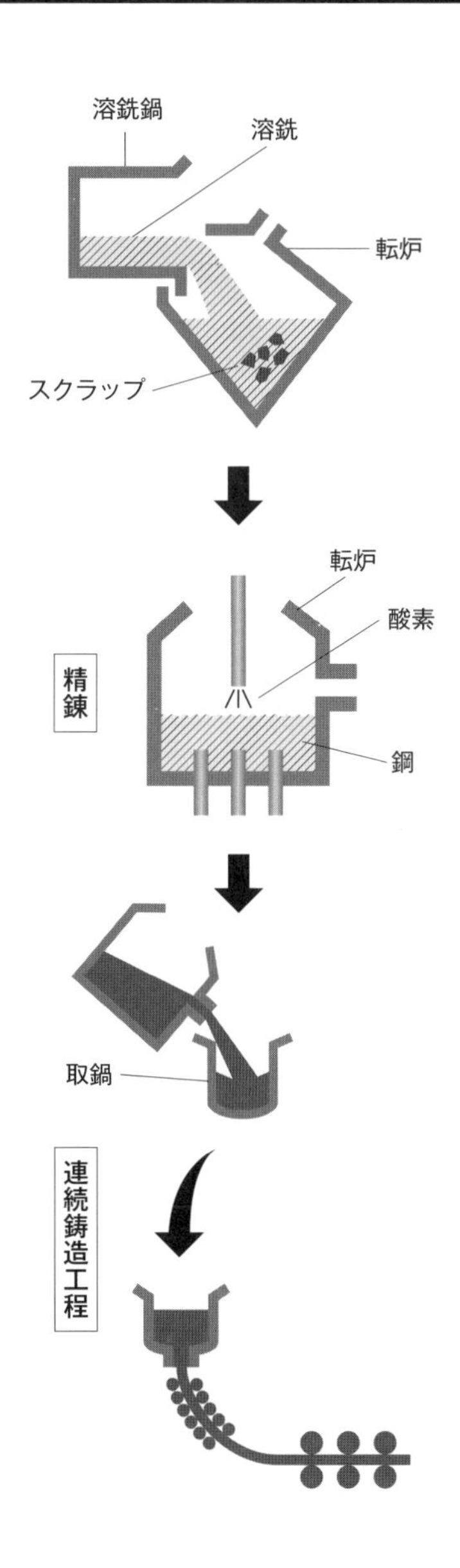

4 圧延工程

半製品を圧延で押し延ばすと、鋼材と呼ばれる製品ができあがる

半製品を圧延機（圧延設備）で押し延ばし、さまざまな形の鋼材につくりあげる工程を「圧延工程」と呼ぶ。それによって所定の形にできあがった製品を「鋼材」と呼ぶ。

鋼材をつくる主な方法は、上下をロールにはさんで押し延ばす圧延だが、ほかにも形や品質をつくり込む方法にはいくつかある。

目的の形に鋳込む鋳造、鋼塊をたたいて必要な形にする鍛造、熱した鋼片をダイスに通す押し出し、など。ただ、板やレールやパイプなど、一般になじみの深い鋼材は圧延によってつくられていることが多い。

圧延には、素材の鋼片を加熱して押し延ばす熱間圧延と、それを常温でさらに延ばす冷間圧延がある。

薄板（うすいた）では複数の粗圧延機と仕上圧延機を一直線上に並べ、一方向に1回だけ走らせ、板の帯に押し延ばしていく。

板の帯はすべての圧延機を通過すると、最終地点で大きなトイレットペーパーのようなコイル状（熱延コイル。ホットコイルとも呼ぶ）に巻き取られる。これを行う設備が熱間圧延機（ホット・ストリップミル）、略して熱延ミルだ。

冷間圧延は、ホットコイルを常温で圧延し、板厚をさらに薄くするだけでなく、表面を美しく均一にすることができる。

自動車のボディや家電などに使われる鋼板は、冷延鋼板や、さらに冷延鋼板に亜鉛めっきなどの表面

ホット・ストリップミル

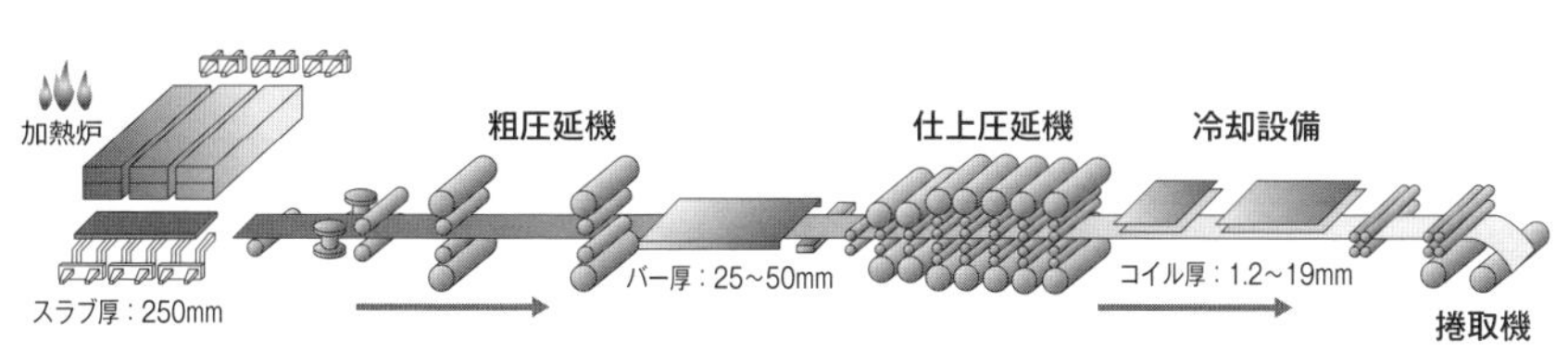

出所：「カラー図解　日本製鉄編著　鉄と鉄鋼がわかる本」より

処理を施した鋼板のことが多い。

ホット・ストリップミルと同様に、直線上に配置した5～6基の圧延機の間を通していく。各圧延機の回転速度が、先へ行くほど速くなっているため、ロールに押されるのと同時に引っ張られる格好になり、ぐんぐんと薄くなっていく。

冷間圧延ミルによってつくられる製品は、冷延コイルと呼ばれる。

厚板の圧延工程では、半製品を圧延機の間で往復させながらつくる

厚板（あついた）は加熱炉で1000度以上に熱したスラブ（鋼片）を粗圧延機にかけ、一定の厚みにしてから仕上圧延機の間を何度も往復させて、目的の厚みに延ばしていくのが一般的なつくり方となる。

鋼管（パイプ）の製法は少し独特で、いくつかの方法がある。

鋼管の太さは直径3000ミリメートルを超すものから、数ミリメートルのものまで幅広い。そのため、用途もつくり方もさまざまだ。

鋼管のつくり方は、大きく①継目無鋼管（シームレス鋼管）と②溶鍛接鋼管（溶接管と鍛接管の総称）の2つがある。

継目無鋼管は、他の鋼管とは異なり、熱間圧延でつくられる。素材は多くの場合、断面を丸くした鋼片で、これを加熱し、その中心を穿孔機でくり抜いて中空にした後、長い針金を差し込む。次にその状態で圧延機にかけ、心金と圧延ロールの間にはさむ形で、中空の素材を薄く延ばしていく。こうしてできた鋼管は、磨きロールにかけたり、寸法を矯正したりして最終製品になる。

継目無鋼管はその名の通り、継ぎ目（シーム）のない鋼管。圧力やねじれに極めて強いため、石油の掘削パイプ（油井管）などに使われる。

溶接鋼管は板を曲げて丸めていきながら、パイプの形につくりあげていく。継ぎ目をガスなどで溶接する。

鍛接管は熱した帯鋼をダイスの孔から引き抜き、パイプ状にしながらロールで圧着して製品に仕上げる。

5 さまざまな鉄鋼製品

普通鋼が8割、特殊鋼が2割
特殊な元素を含むものが特殊鋼

鉄鋼製品（鋼材）は、普通鋼と特殊鋼に大別される。

鋼には炭素（C）のほかに、けい素（Si）、マンガン（Mn）、燐（P）、硫黄（S）という元素が含まれており、これを鋼の「五大元素」と呼ぶことがある。

この五大元素が入っただけの「鋼」を普通鋼または炭素鋼と言い、その他の元素が入って特殊な性質を示すようになったものを特殊鋼と呼ぶ。

その他の元素とはクロムやニッケルなど。これらの元素を少しずつ特殊配合して特殊鋼がつくられる。硬さが欲しい場合、柔らかさが欲しい場合など、何に使うかに応じて、加える材料の量と種類を変えることにより調整する。

クロムやニッケルの他に、モリブデン、マンガン、パナジウム、タングステン、コバルトなどが添加される。添加される量やタイミングで鋼の特性が変わってくる。

日本で生産される鉄鋼のうち、８割程度が普通鋼で、２割程度が特殊鋼。

普通鋼は汎用性が高く、大きく①条鋼、②鋼板、③鋼管などに大別される。建設向けのほか、自動車向け、機械向けなど幅広い用途に使われる。

特殊鋼は普通鋼に比べて強靭性や耐食性、耐熱性などに優れている。一般的には普通鋼より高価で、特殊な用途にも使われる。特殊鋼の６割程度が自動車分野向けと見られる。

ここでは主な鉄鋼製品について、用途などとともに簡単に紹介していきたい。

【1】条鋼

《H形鋼に代表される形鋼》

条鋼は断面形状と用途によって、形鋼、棒鋼、線材などに分けられる。

形鋼は建築物をはじめ機械、車両、船舶などの構造材などに使用されることが多い細長い鋼材だ。その使用目的に応じて、断面がH形だったりL形だったりと、さまざまな断面形状がある。

代表的な製品はH形鋼。建築や橋梁、船舶、車両などの強靭性を実現させるための構造材用などに使われる。建物では柱、梁、地下構造物などに欠かせない。

断面がL形になっているのが山形鋼。建築物や鉄塔、身近では門や柵の枠、ロッカーの取り付け金具などにも使用される。

断面がコの形をしているのが溝形鋼。車体のフレームなどに用いられる。

その他、形鋼としては断面がIの形をしたI形鋼などがある。

軌条（レール）や鋼矢板（シートパイル）も形鋼の仲間と言える。

《異形棒鋼は主に鉄筋用。コンクリートの補強材》

棒鋼は、断面が円形、正方形、多角形などの棒状の鋼材を言う。そのうち約8割が建設現場で使われる鉄筋用の異形棒鋼で、コンクリートの補強用として使われている。

表面が凸凹しているが、これには理由がある。コンクリートの中に埋め込んで使用するため、コンクリートとの付着性が高まるように円周の表面に節（軸線に直角または斜めの突起）やリブ（軸線方向の突起）を付けることで表面積を大きくしている。耐食性を高めるため、表面に亜鉛めっきをしたり、エポキシ樹脂を塗装したものもある。

一方で丸鋼は、シンンプルな形状をしている。断面が円形で、最も汎用性が高い棒鋼と言える。直径が100ミリメートル以上を大形、50ミリメートル以上100ミリメートルまでを中形、50ミリメートル未満を小形と呼ぶ。

大形丸鋼は機械や船舶などの構造材や、みがき棒鋼などの二次製品の素材、中形は大形サイズの用途のほか、道路の基盤材や自動車部材などにも使われる。小形は機械部品やボルト、ナットなど二次製品の素材として広く使われる。

平鋼や角鋼も棒鋼の仲間と言える。

H形鋼
写真提供：日本製鉄

鉄筋用棒鋼（異形棒鋼）
写真提供：共英製鋼

《線材は、細くて長い線状の鋼材》

同じく条鋼の仲間である線材は、ロープのように長くなった線状の条鋼。圧延鋼材の中で最も断面が小さく、細くて長い。撚りあわせてワイヤロープにしたり、二次製品の素材として針金や金網、釘、ボルト・ナット向けなどに使われる。

形状としては、コイル状に巻き取られている。コ

線材
写真提供：日本製鉄

イルの重量は大きいもので3トン、長さは1万メートルにもなる。

炭素含有量が０・０９％以上０・２５％以下の軟鋼および極軟鋼の普通線材と、０・０９％以下の低炭素、および０・２５％以上の高炭素の特殊線材に分けられる。

【2】鋼板

《造船や建設機械、橋梁などに使われる厚板》

厚みが6ミリメートル以上の鋼板を厚板と言う。厚中板という用語もあり、これは厚みが3ミリメートル以上の鋼板を指す。厚中板のうち、①3ミリメートル以上6ミリメートル未満のものを中板、②6ミリメートル以上を厚板、③１５０ミリメートル以上を極厚板と呼ぶ。

用途は土木・建築・橋梁・建設機械や産業機械用、石油タンク、海洋構造物などのほか、造船用、ボイラ・圧力容器用、ラインパイプ用などに幅広く使われる。

わが国における厚板の最大の用途は、造船向けとなっている。造船用鋼板は船体を構成する外板、甲板、二重底、隔壁等に使用される。

床用鋼板というものがあるが、これは仕上げの段階で表面に縞模様や鋲形などの凹凸をつけた鋼板。建築物や船舶、車両などの段差やステップなどのすべり止め、床材に使われる。

《国内最大の生産品種は熱延コイル》

熱間圧延設備（熱延ミル）で薄く押し延ばされて薄板になり、最終段階でトイレットペーパーのように巻き取られたコイル状の帯鋼を熱延コイルと呼ぶ。ホットコイルとも言う。

熱延コイルのままユーザーに出荷されることもあるが、冷延鋼板類や表面処理鋼板、溶鍛接鋼管、軽量形鋼など次工程製品の原板（母材とも言う）としてもつくられている。そのため、鋼材単一品種としての生産量は、さまざまな鉄鋼製品の中で最大量となっている。

熱間圧延された厚さ3ミリ未満の切り板（熱延薄板）や帯鋼、広幅帯鋼を熱延薄板類と呼ぶ。「ホット」と総称することもある。

板幅600ミリメートル未満でコイル状に巻き取ったものを熱延帯鋼、600ミリメートル以上のものを熱延広幅帯鋼と呼ぶ。板幅は最大で2300ミリメートル近くある。

用途は自動車、建築、産業機械からガードレール

熱延コイル
写真提供：日本製鉄

厚板
写真提供：日本製鉄

に至るまで多分野にわたる。

《自動車や家電などを支える冷延鋼板》

冷間で圧延された切り板（冷延鋼板）、冷延広幅帯鋼および、みがき帯鋼を冷延鋼板類と呼ぶ。熱延薄板類を素材として圧延され、コイル状に巻き取られたものは冷延コイルと言う。熱延薄板類より薄く、厚さ精度が高く、表面が美しく、加工性にも優れているのが特徴。用途は自動車、電気機器、鋼製家具などがある。

冷延鋼板は広幅帯鋼をシャー（剪断機）にかけて一定寸法に剪断した切り板。冷延広幅帯鋼は熱延広幅帯鋼を冷間圧延した鋼材で、幅は６００ミリメートル以上でコイル状をしている。次工程の亜鉛めっき鋼板やブリキ用の原板としても使われる。

みがき帯鋼は、熱延帯鋼をスリットして冷間圧延したもの、あるいはそのまま直接冷間圧延したもので、幅６００ミリメートル未満のコイル状のものをさす。

《電磁鋼板は変圧器や発電機に用いられる》

電磁鋼板とは、冷延鋼板の一種。磁気特性と電導性に優れている。大型発電機や変圧器のほか、家電製品の大小モーターなど電気機器類の鉄心に用いられる。

けい素などを添加した特殊な鋼板で、けい素鋼板などとも呼ばれる。磁性の方向によって方向性電磁鋼板（ＧＯ）と無方向性電磁鋼板（ＮＯ）に分けられる。

方向性電磁鋼板は圧延方向に優れた磁気特性を発揮し、変圧器に使われる。一般的には無方向性よりも製造が難しく、高級品であり、高価。製造できるメーカーは世界の中でも限られる。

無方向性電磁鋼板はすべての方向に均一な磁気特性を持っており、発電機やモーター類に使われる。自動車がガソリン車からＥＶ（電気自動車）に変わっていくことで、モーター向けの電磁鋼板需要が急拡大すると見られている。

【3】鋼管

《幅広い用途に使われる鋼管。最大は溶接管》

熱延コイル、冷延コイル、厚板などを原板（母材）として、鋼管のロール成形機、UOプレス（鋼板をまずU字形に曲げ、次にO形の管状に成形する設備）やスパイラル成形機（広幅帯鋼を螺旋状に巻いて管状に成形する機械）で成形する。継ぎ目を溶接するものを溶接管、鍛接法によるものを鍛接管と言う。

用途は幅広く、白物家電以外にはほとんどの分野で使われる。パイプの使われ方は①中に何かを通す、②鋼管自体を構造物の一部として使う、の2つ。後者の場合は、棒鋼と代替されるケースもある。前者の場合は水やガス、石油を通したりする。

《石油を掘削する油井管は大半が継目無鋼管》

鋼塊や棒状の鋼片など、鋼管の材料となる半製品

UO管
写真提供：日本製鉄

継目無鋼管
写真提供：日本製鉄

を加熱、穿孔機で中心部に孔をあけ、肉の厚い中空の素材を製造する。これを圧延機や引き抜き機にかけて、薄く細長い管に延ばしたものが継目無鋼管（シームレス鋼管）だ。

石油を掘る油井という井戸で、地上から地下に向けて、油井管と呼ばれる継目無鋼管を埋め込みながら（垂らしながら）、原油やガスを掘っていく。発電分野において使われるボイラーチューブといった特殊な鋼管もある。その他、産業機械やプラント設備などにも使われる。

製造が難しいことから、一般的には高価な鋼材。原油採掘は自然条件が厳しい地域で行われるケースがますます増えているので、鋼をつくるときに合金を混ぜて腐食に強い鋼管をつくることも多い。

【4】特殊鋼

《特殊鋼は構造用鋼、工具鋼、ばね鋼などに分かれる》

初めに普通鋼鋼材と特殊鋼鋼材についてふれたが、特殊鋼鋼材の形状は棒鋼・線材が大半で、一部は鋼板などもある。

特殊鋼の種類は、主に次の通り。

▼工具鋼

工具鋼は耐摩耗性、耐衝撃性に優れた硬い鋼。主に①バイト、タップなど被加工物を切断、切削する工具に使用するもの、②金属やプラスチックなどを所定の形に成形する金型用に使われるもの、の2種類がある。

鋼の種類としては①カンナ、ヤスリ、カミソリ等、それほど精度が要求されない工具に使われ、C（炭素）を多く含有する炭素工具鋼、②バイト、タップなど高硬度の被加工物を切断・切削する金属切削用の刃物に用いられる高速度工具鋼、③金属やプラスチックの成形用金型に用いられる合金工具鋼などに分かれる。

▼構造用鋼

構造用鋼は強度を高め、機械部品から建築物、橋梁、船舶、車両などに広く使われる鋼。自動車、航空機、産業機械など広範囲に使われる機械構造用炭素鋼（SC）と、建造物などに使われる機械構造用合金鋼に分けられる。SC材が最も多く消費されるのは自動車部品で、クランクシャフト、歯車、足回り部品などの重要部品の素材になる。

SC材は炭素0・07〜0・61％のほか、けい素0・15〜0・35％、マンガン0・30〜0・90％程度を含んでいる。

構造用合金鋼は炭素鋼にマンガン、クロム、モリブデン、ニッケル、アルミニウムなど数種の元素を添加し、強靭性を高めた合金鋼となっている。

▼ばね鋼

ばね鋼は自動車など車両の重要部品用に使われる。車用の板ばねのほか、産業用の各種コイルばね、小さなつる巻きばねなどがある。弾性値や疲労強度について、特に高い特性が要求される鋼。

熱処理によって強度を引き上げるため、炭素含有量は0・5％程度と比較的高くなっている。焼入れ性や耐抗性を高めるために、けい素、マンガン、クロム、バナジウム、ニッケルなどを添加する。

▼軸受鋼

大きな負荷を受けて高速で回転しながら長時間の運転に耐える必要がある軸受（ベアリング）に使用される。ベアリングの球、ころ、内輪、外輪に使用される。耐摩耗性、耐衝撃性に優れている。鋼種には肌焼き合金鋼系、耐食・耐熱鋼系などもあるが、高炭素クロム鋼系が大半を占めている。

▼耐熱鋼

タービン、自動車用エンジン、化学プラントなどで使われる。

多量のクロムやけい素、マンガン、さらにはニッケルやコバルトなどを添加して、耐熱性、耐圧、耐酸化、耐食、耐変形、強靭性、加工性を備えた合金鋼となっている。

▼快削鋼

切削性（削りやすいこと）を高めるため、鉛、硫黄、カルシウムなどを少量添加する。切削などの機械加工が必要な機械部品で使われる。最近では、環境負荷物質である鉛を含まない鉛フリー快削鋼が開発され、適用が広がっている。

▼ステンレス鋼

錆びにくい、錆びに強い鋼として名前が広く知られている。鉄とクロムとニッケルの合金鋼で、耐食性のほか耐熱性にも優れている。①オーステナイト系、②マルテンサイト系、③フェライト系などに大別される。

オーステナイト系はクロムを18～20%、ニッケルを8～11%含んでいる。食器、厨房用品、浴槽、屋根材、壁材、鉄道車両など広範囲に使われる。

マルテンサイト系はクロムを11～14%含む。刃物や工具などに使われる。

フェライト系はクロムを16～18%含み、マルテンサイト系より耐食性に優れる。オーステナイト系に比べて安価なため、厨房器具、内装材、自動車装飾品などに使われる。

冷間工具鋼
写真提供：日立金属

構造用鋼
写真提供：日本製鉄

Chapter4

鉄鋼製品の流通販売

1 ヒモ付き販売と店売り販売

鉄鋼製品の2つの流通販売ルート

国内で生産される鉄鋼製品の内、6～7割が国内向けに販売され、3～4割が海外向けに（直接）輸出されている。国内向けに販売される鉄鋼製品を需要家が加工して最終製品をつくり、海外向けに輸出するケースもある。これを間接輸出という。

鉄鋼製品の国内流通販売ルートには、大きく分けて2つの取引形態がある。1つは紐付き（ヒモ付き）販売で、もう1つは店売り販売。

ヒモ付き契約によって販売されるヒモ付き販売は、需要家（ユーザー）の注文内容（たとえば価格、数量、品質）が鉄鋼メーカーに通じており、鉄鋼メーカーは、特定の需要家向けの鋼材だと認識して、鋼材を生産・販売するもの。いわば、鉄鋼メーカーにとって、鋼材を使うお客様の顔が見える取引だと言える。

ヒモ付き契約の場合、販売価格などは、鉄鋼メーカーと個別ユーザーとの直接契約で決める。両社が交渉のうえ、価格や数量などを決める。自動車、造船、電機メーカー、建設機械・産業機械向けなどがヒモ付き販売先の代表例と言える。製造業向けはヒモ付き取引が多いのが特徴だ。契約上は鉄鋼メーカーと個別ユーザーとの間に商社が入る。商社はデリバリー（出荷・納入）業務や決済業務などを受け持つ。

一方の店売り販売は、最終需要家を特定することなく、鉄鋼メーカーが商社や問屋に対して鋼材を売り切る取引。商社や問屋は、購入した鋼材を自己の

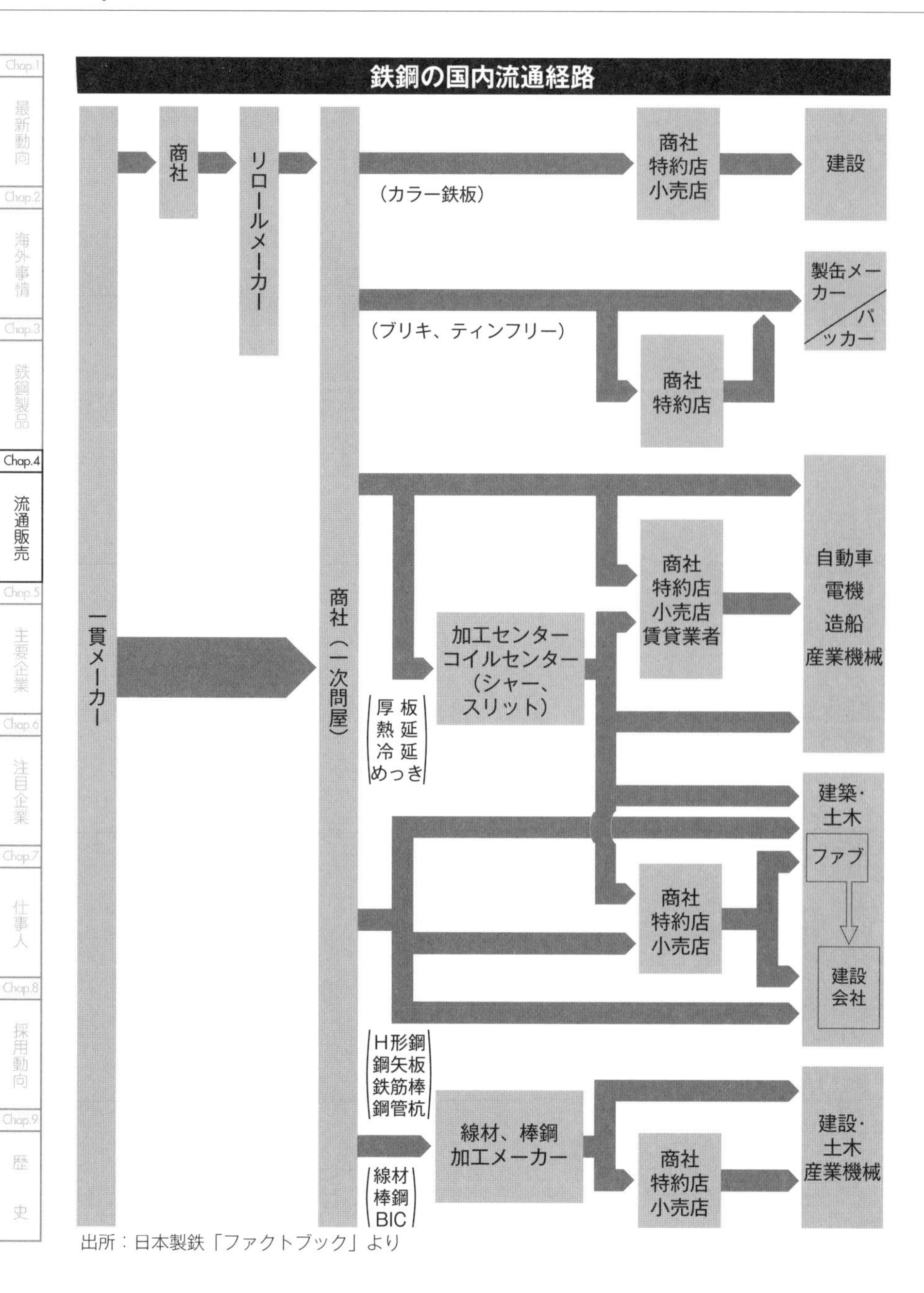

出所：日本製鉄「ファクトブック」より

責任とリスクにおいて在庫し、市況などを勘案しながら自らの営業努力で販売する。鉄鋼メーカーから見ると、最終的にその鋼材がどの需要家にどのように使われるかはわからない取引となる。

店売り取引の中に「仲間売り取引」というものがある。これについては後で説明する。

国内取引の7～8割がヒモ付き。製造業向けはヒモ付き取引が多い

ヒモ付き販売と店売り販売のほかに、鉄鋼メーカーが商社を通さずに直接契約する「直売」取引もあるが、官公庁向けや一部鉄道会社向け、鉄鋼メーカーの自社系列向けの一部など、全体の一部に限られている。

国内販売のうち、ヒモ付きが7～8割、店売りが2～3割の比率となっている。年々、ヒモ付き販売の比率が増えている。これは国内需要の中で製造業向けの比率が上がり、建設向けの需要が減っていることが大きい。

製造業向けはヒモ付き契約で鋼材が販売・出荷されるケースが圧倒的に多い。また建設分野向けは過去には店売り比率が結構高かったが、今ではプロジェクト向け・物件向けと呼ばれる取引が増え、店売り比率が低下している。店売り（在庫流通）を経由しない大手企業同士の取引を「空中戦」と呼ぶこともある。

ヒモ付き販売と店売り販売の比率は、品種によってバラつきがある。たとえば薄板の場合、ヒモ付きが約8割で、店売りは2割程度となっている。店売りの場合、一次問屋経由で、需要家が使いやすい形に薄板を加工するコイルセンターで販売されるケースが多い。

この場合、見かけ上はコイルセンター以降の需要家が特定されていない店売りの形態となるが、実際にはコイルセンターが継続的に取引している特定の需要家向けに販売されているケースが少なくない。こうした取引を「準ヒモ付き」と呼ぶ。

商社鉄骨という取引形態が増加。鉄筋では業者指定制度という商習慣も

鋼材取引にはさまざまな形態があるが、最近クローズアップされている「商社鉄骨」と呼ばれる取引形態を紹介したい。まずは一般的な取引形態を説明し、その後で商社鉄骨取引を説明する。

大型の建設プロジェクトでは、鉄骨やその他の建設資材の調達、電気業者の手配などが必要となる。そのうち鉄骨工事については、ゼネコンなどの建設業者がファブリケーター（鉄骨加工業者、ファブ）に一括して発注することが多い。ファブは、鉄骨の種類や数量に応じて、商社や店売り業者などを通じて鋼材を調達するのが一般的な取引形態となる。

これに対して商社鉄骨とは、商社が鉄骨工事をゼネコンなど建設業者から直接請け負う。商社は、ファブに必要な鉄骨を発注して建築プロジェクトを遂行するオルガナイザー（取りまとめ）の役割となる。商社がファブに対して鉄骨の受発注や請求、支払いなどの業務を行い、建設会社が本来行うべき煩雑な業務も代行する。商社は工事現場での工事の進捗管理なども行う。

この場合、商社がファブに対して与信を提供する。商社が与信機能を発揮し、ゼネコンなど建設業者はファブとの取引に伴うリスクをヘッジできる。建設業者にとって、鋼材の調達がスムーズに進むこと以外にもメリットがある取引形態となっている。

鋼材取引においては地域によって、あるいは品種によって、独特の商慣習があるケースが見られるので、例を挙げたい。

関東地域においては、鉄筋（異形棒鋼）の業者指定制度（メーカー指定鉄筋制度などと呼ばれる）という商習慣が存在する。これは、建設業者が鉄筋の加工・組立てを行う鉄筋加工業者を指定し、その鉄筋加工業者に応じて鉄筋を提供する電炉メーカーも決まるという仕組み。建設業者が鉄筋加工業者を指定したときに電炉メーカーも決まり、納品する鉄筋価格も決まる。

しかしながら納品時期までの間に、鉄スクラップの価格は変動し、その変動リスクについて鉄筋を生産する電炉メーカーが負うことになる。最近では鉄スクラップ価格の変動幅が拡大しており、電炉メーカーが背負う原料価格変動リスクが増している。

2 一次問屋、二次問屋とは

一次問屋(一次商)は全国に約60社。二次問屋は「特約店」とも呼ばれる

鉄鋼メーカーと需要家の間に立って、鋼材の取引が円滑になるようにさまざまな機能を果たしているのが一次問屋と言われる企業。一次問屋には総合商社、総合商社系列の鉄鋼商社、鉄鋼メーカー系列の鉄鋼商社、独立系の鉄鋼商社や問屋などがある。全国で約60社程度。ある特定の鉄鋼メーカー1社だけの一次問屋になっている企業もあれば、複数の鉄鋼メーカーの一次問屋になっている企業もある。

われわれ個人が鋼材を買いたいと思った場合に、鉄鋼メーカーから直接購入することはできない。鉄鋼メーカーは、自社の製品を扱う鋼材問屋を指定している。これが戦前から続く「一次問屋」「一次指定問屋」と呼ばれる仕組みだ。一次問屋は、鉄鋼メーカーの代わりに鋼材の販売代金回収を行うほか、注文や生産・出荷といったそれぞれの段階において、金融上のリスクを回避したり軽減したりする機能を担う。

大まかに言えば、鉄鋼メーカーは鋼材をつくることに専念し、需要家への与信リスクは商社が負うような形になっている。つまり、商社・問屋は販売側に立ったセールス・エージェントとしての役割を果たしており、その対価として一般的には内口銭と呼ばれる手数料が鉄鋼メーカーから支払われる仕組みになっている。

鋼材一次問屋から鋼材を購入し、仲間の鋼材二次問屋や三次問屋、加工業者、ユーザーなどに販売するのが二次問屋だ。店売り取引において、重要な役割を果たす。二次と三次をあわせて二三次問屋、二三次流通という呼び方をすることもある。二次問屋は、一次問屋と鋼材購入の「特約」を結んでいるという意味で「特約店」とも呼ばれる。

特約店の形態は、企業によって規模も業態はさまざま。たとえば建築向けの鋼材を中心に扱うなど特定品種に特化した特約店もある。鋼板を需要家の要望に合う寸法や形状に切断して販売するシャーリング業者やコイルセンターの機能をあわせ持った特約店もある。

問屋同士で融通しあうのが仲間売り。仲間売りの取引価格を市況という

特約店は、すべての品種や寸法を常に在庫しているわけではない。在庫スペースの問題があるし、在庫しておくのはコストがかかる。在庫切れ時や在庫品以外の鋼材については、他の特約店から必要な鋼材を手当てし、ユーザーに納入する。自社ではカバーできない部分につき、仲間同士で融通し合う形となっている。こうした販売業者間の取引を「仲間取引」「仲間売り」と言う。

仲間取引における取引価格、相場を「鋼材市況」「市中価格」と呼ぶ。鉄鋼業界で「市況が上がった」「市況が下がった」と言う場合、仲間取引における相場の上下を指している。

販売業者やユーザーは鉄鋼メーカーの売出し価格が先高と判断すれば、通常よりも多くの鋼材を早めに手当てしようとし、逆ならば買うことを控えて先延ばししようとする。そういった「思惑」が入るため、店売り価格や市況（相場）はヒモ付き価格よりも変動が大きく、短期間で上下しやすい傾向がある。

特約店に代表される鉄鋼卸売業者は、数が多いのが特徴だ。経済産業省が２０１４年にまとめた、全国の鉄鋼製品卸売業者の事業所数は８９３４カ所にもなる。内訳は①鉄鋼粗製品卸売業が６６６カ所、②鉄鋼一次製品卸売業が３７９９カ所、③その他鉄鋼製品卸売業が２２８１カ所、④鉄鋼製品卸売業（格付不能）が２１８８カ所。それ以降、同様の調査は行われておらず、現在の事業所数を把握することは難しい。

1社で複数の事業所があるところも多いので、実際の業者数（企業数）はこうした数字よりもだいぶ小さいと考えられるが、それでも全国で１４００社程度の特約店があると推計されている。

厚板加工を行うシャーリング業、ガスやプラズマ、レーザーで切断加工

鋼板を、需要家の要望に合う寸法や形状に切断して販売するシャーリング業者やコイルセンターについて、簡単に説明したい。

シャーリング業者とは、主に厚さ3ミリメートル以上の厚中板を、需要家の求めるサイズに切断して供給する流通加工業者の総称をいう。

厚板シャーリング業者はまず、鉄鋼メーカーが生産（ロール）したままの大板（耳付き／みみつき）を購入する。これを需要家の必要とする寸法、形状に切断・溶断し、モノによってはさらに開先、曲げ、穴明け等の加工を施して、鉄骨・橋梁メーカー、産業機械・建設機械メーカー、重電機メーカー、鉄道車両メーカー等に出荷し、そのあと溶接され、組み立てられて各種の最終製品となる。

シャーリングとは「shearing」で、「shear」とは大はさみで刈る、はさむ、羊の毛を刈り取るなどの意味がある。

日本のシャーリング業は、１９０９年（明治42年）に、大阪の古川庸男氏がイギリスのドナルド・ジョンソン社からシャーリングマシン（ギロチン形式による剪断機）を輸入したのが初めてと言われる。それまでは、鏨（たがね）で切断していたという。シャーリングマシンによる剪段が主流になったことから、厚板の切断・加工業はシャーリング業者と呼ばれるようになった。

ただ現在は、6ミリ以上の厚板においてはシャーリングマシンによる切断はあまり多くはなく、ガス溶断機やプラズマ切断機、レーザー切断機などを使用しての切断が主力になっている。

なお3ミリから6ミリ未満の中板と呼ばれる領域では、ガスやプラズマによる切断に置き換わっている部分もあるが、依然としてシャーリングマシンによる切断も行われている。

レーザー切断は特に小物や異型切に適しているのが特徴となっており、需要家のニーズの変化もあって急速に増えてきている。

シャーリング業とは当初はシャーリングマシンによる厚板切断業を意味したが、切断機の多様化が進んでいる中で厚板切断業の総称になっている。

シャーリング業の全国団体としては、全国厚板シヤリング工業組合がある。現在の組合員数は153社9事業所（2020年8月現在）。2001年（平成13年）には196社あったが、数が減ってきている。

薄板加工を行うコイルセンター レベラーやスリッターで加工

コイルセンター（海外ではサービスセンターという呼称が一般的）とは、鉄鋼メーカーからコイルで出荷される薄板をスリットしたり、横方向に切断して切板にして、需要家に販売する流通加工業者のことを言う。

スリット加工とは、コイルを伸ばしてスリッター切断機で縦方向に多条に切断し、狭幅のフープ状態にして再度巻き取ること。また切板加工とは、コイルを伸ばしてレベラーで矯正して平坦度を向上させた後、横方向に切断する加工や、それをミニレベラーでさらに小さなサイズの板に切断することを言う。

日本でコイルセンターが誕生したのは1957年（昭和32年）に、わが国初の本格的広幅鋼帯生産設備であるホット・ストリップミルが、当時の室蘭製鉄所で稼働したのを受けたものだった。翌年の1958年6月に大阪で大阪鋼板工業が、同年12月に東京で村山鋼材が、翌々年の1959年3月には名古屋で東海レベラー鋼業がコイルセンターとして産声を上げた。

その後、昭和40年代にかけて鉄鋼メーカーが新たなホット・ストリップミルを次々立ち上げ、広幅コイル時代が到来した。大量生産・大量消費の時代となる中で、鉄鋼メーカーは広幅コイルを大量生産出荷する動きを強め、薄板加工は外出しするニーズが高まった。需要家のニーズともマッチし、需要家の

コイルセンターでスリット加工される薄板

加工工程を代替する形でコイルセンター業が急速に普及していった。

時代が進むとともに、レベラー設備によるシート加工のみならず、スリッターによるコイル形状の加工に主力が移りつつある。また需要家の生産工程の無人化・連続化が進むにつれて、加工内容も精密な寸法精度が要求されるようになってきている。今では多くのコイルセンターが、レベラー設備とスリッター設備を標準装備している。

コイルセンター業の全国団体としては、全国コイルセンター工業組合がある。２０２０年８月時点の組合員数は97社。２００２年（平成14年）３月末には１２７社、２００７年（平成19年）３月末には１１４社あったが、18年間で30社減少した。

またコイルセンターの取扱い数量（出荷数量）は１９９０年度（平成２年度）がピークで２３４３万トンだった。２０１８年度は１６７０万トンとなっており、ピーク比で３割減少。統計上、出荷量と加工量には常に若干の差があるが、これは加工せずに出荷する分が一定量あるためで、出荷量が加工量を上回る形になっている。

シャーリング業やコイルセンターには、総合商社や鉄鋼商社など商社の資本が入った商社系、オーナー経営による独立系、自動車などのユーザー系がある。

打ち抜き加工と呼ばれるブランキング、開先加工やショットブラスト加工もある

鋼材の加工には、厚中板のシャーリング、薄板のスリット加工、切板加工などのほか、次のような加工もある。

▼ブランキング加工（blanking）……「打ち抜き加工」とも言う。ブランキングプレスマシンで、後半を必要な形に打ち抜く加工。

▼開先加工（edge preparation）……鋼材と鋼材を溶接するときに、あらかじめ接合部分を溶接しやすいように、斜めに削っておく加工。

▼ショットブラスト（shot blasting）……鋼材の表面に、直径1ミリメートル程度の鉄の玉（鋼球）を大量に高速で噴射する。それによって、鋼材の表面にあるスケールと呼ばれる酸化被膜を取り除く加工。これを行うことで、塗装の密着性が高まることになる。

▼ブロック加工（block）……主に造船向けの加工。造船の工程においては、船体を小さなブロックに分けてつくり、それらを造船ドックで組み立てて大きな船をつくり上げることが多い。厚板を切断、溶接してブロックをつくる工程を、ブロック加工と言う。

浦安鉄鋼団地は国内最大級業者間の仲間取引が活発に

鉄鋼二次問屋やコイルセンターなど加工業者が多く集まっている場所を、鉄鋼団地と呼ぶことがある。鉄鋼流通業者が自社の倉庫、鋼材の加工センターなどを構えており、本社管理部門が一体になっているケースもある。

複数の業者が同じ区域に集積していることで、先ほど説明した仲間売りなどによる業者間の鋼材の融通がしやすいメリットがある。千葉県浦安市には浦

安鉄鋼団地と呼ばれる場所があり、わが国で最大規模の鉄鋼団地となっている。

浦安鉄鋼団地の総面積は約１０７万５０００立法メートル（東京ドームの約23倍）。鋼材の一次問屋、二次問屋、加工業者など２１４社（２０２０年7月時点の組合員数と準組合員数の合計）の約２７０事業所があり、工場や倉庫が立ち並んでいる。販売だけを手掛ける業者は約5分の1。大半はコイルセンターやシャーリング業など加工を手掛けている。

浦安鉄鋼団地の年間取扱数量は２０１８年6月時点の調査によると、入荷が４３０万トン、出荷が４５９万トンだった。ピーク時の１９９３年（平成５年）には入荷が８２３万トン、出荷が８２５万トンあり、半分近くに減っている。これは、鋼材取引における店売り比率が低下していることに加え、圏央自動車道などの整備・開通などにより関東内陸部の交通の便が増した影響も受けている。

浦安に拠点を構える流通業者は、鋼材加工へのシフトなどにより付加価値を上げ、取扱数量の減少をカバーするような取り組みを強めている。

なお浦安鉄鋼団地の場合、入荷・出荷ともに関東地方が取引の約8割を占める。取扱品目は、厚中板が約15％、薄板が約20％、鋼管が約17％、形鋼（一般形鋼、H形鋼、平角鋼など）が約15％で、その他が特殊鋼などとなっている。

浦安鉄鋼団地。214 社の 270 拠点

3 鋼材価格の決まり方

ヒモ付き価格は長期安定的、店売り価格は改定が頻繁で変動が大きい

ヒモ付き契約における鋼材価格は、鉄鋼メーカーとユーザーとの個別交渉で決められている。契約期間は3カ月、6カ月、1年などとなっている。ヒモ付きは長期安定的な取引であり、鉄鋼メーカーもユーザー双方ともが短期間で大幅に上下するような価格推移を望んでいない。そのため、店売り取引価格に比べて、価格の改定幅は緩やか（小幅）になりやすい傾向がある。

2010年度から、高炉メーカーが購入する主原料価格が四半期（3カ月）ごとに変動することになった。資源サプライヤーが、資源価格が大きなトレンドで見れば右肩上がりで推移すると予測されることを背景に、従来の1年契約から四半期契約に変更する意向を示し、鉄鋼メーカーはそれを受け入れることを余儀なくされた。

従来から、輸出販売は四半期ごとの価格商談となるケースが多かったが、2010年度以降、国内販売においても価格やコストを考えるうえで四半期（3カ月）が1つの区切りとなっている。

ただ主原料コストだけで鋼材価格が決まるわけではない。取引実績の濃淡、納入シェア、コスト、在庫水準を含めた需給、短納期化などデリバリー、品質など商品価値、グローバル供給力、国内外の鋼材価格差、などを総合的に勘案して個別に決められる。

なお自動車などでは、集中購買というやり方で鋼材調達をしているケースがある。これは自動車メーカーが、系列部品メーカーが使用する鋼材も含めて

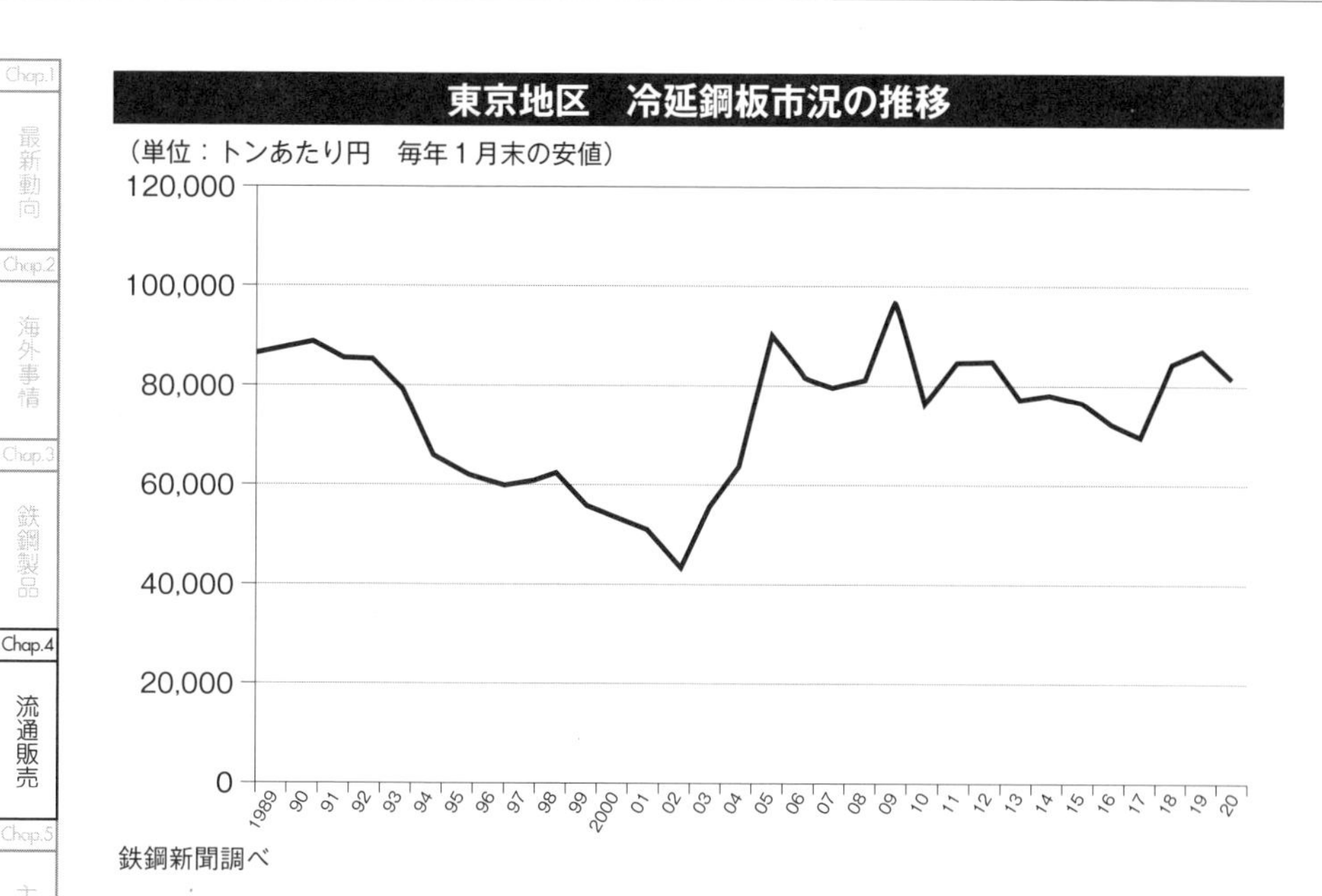

鉄鋼新聞調べ

まとめて集中的に鉄鋼メーカーから鋼材を大量調達し、ティア1などの系列部品メーカー向けに鋼材を支給する形態だ。

部品メーカーは自動車メーカーから支給された鋼材を使って部品を製造し、つくり上げた部品を買い取ってもらう。集中購買の仕組みの中で、自動車メーカーが傘下の部品メーカーに対して支給する鋼材価格、さらには部品メーカーから部品を買い上げるときに使う鋼材単価を「支給価格」または「集購価格」と呼ぶ。

店売り市場向けの店売り価格について、鉄鋼メーカーは鋼材の需給変動や鉄スクラップ価格その他諸コストの変動などを、より敏感に反映させる形で決める。鉄スクラップの価格変動などが激しい場合、毎月のように店売り価格が改定されることがある。

鉄鋼メーカーとユーザーとの間で価格交渉などは行われない。メーカーは価格決定を商社や鋼材販売業者などに伝える。商社などが購入数量の申込み量をまとめて、メーカーと出荷契約を行う。

また輸出価格は、国内のヒモ付き価格や店売り価格よりも、海外需給や海外市況などの影響を大きく受ける。海外市場においては、日本メーカーは韓国のポスコ、中国の宝武鋼鉄集団、台湾のCSC（中国鋼鉄）など海外鉄鋼メーカーと競合することになるため、海外メーカーの販売価格動向や海外鋼材市況がどう動くかが大きな要素となる。

以前は日本の高炉メーカーが東アジア地域における価格主導権を持っていたが、現在は圧倒的な数量規模により中国メーカー、特にトップメーカーである宝武鋼鉄集団の影響力が大きい。

日本国内の鋼材価格の決まり方は、過去からの経緯による独特な慣習に基づくガラパゴス的な面があることも否めず、今後は価格の決まり方や改定方法が変わっていく可能性もありそうだ。

価格はベースとエキストラから構成される。基準部分がベース、付加価値がエキストラ

鋼材には、さまざまな品質・材質や規格、寸法がある。特別な加工が施されている場合もあり、加工度合いもさまざま。数多くの品種やサイズがある鋼材について、取引のたびごとに価格を交渉して決めていたのでは手間がかかって効率が悪いため、鉄鋼メーカーでは鋼材ごとに基準となる規格やサイズを決めて、それを「ベースサイズ」としている。

そのうえで、その他の鋼材については、ベースサイズで決まる「ベース価格」に対して一定の金額を増やしたり減らしたりすることで価格を決める体系を採っている。この増減金額のことを「エキストラ」と呼ぶ。

エキストラには、規格（材質）エキストラ、寸法エキストラ、加工エキストラ、ハンドリングエキストラなどがある。鋼材は重量物であることから、ハンドリングには結構なコストがかかる。そのために数量エキストラというものもある。小ロット・小口の場合には、単位重量当たりの手間がかかる分だけエキストラが高くなるような仕組みになっている。

4 物流、鋼材在庫

商流と物流は必ずしも一致しない。鉄鋼業は物流業とも言われる

ここまで、製鉄所から出荷された鋼材が、商社や問屋、特約店を経由して需要家のもとへ届けられる流れを説明した。これは鋼材の商いにかかわる動き、つまり「商流」だ。

これとは別に、鋼材そのものがどうやって需要家に届けられるかという物理的な流れ、つまり「物流」について少し説明したい。

物流という鋼材の出荷の出発点は、製鉄所にある材料置場（ミルエンドヤード）となる。そこから先は物流業者、運送業者の仕事となるが、鉄は重量物であることから運ぶことに大きなコストがかかる。どういうルートで、低コストで、短納期に、傷つけずに、鋼材を運ぶかは鉄鋼業にとって大きなテーマとなる。

「鉄鋼業は物流業」と言われることもあり、鉄鋼業と物流業（輸送業）は密接な関係にある。日本全体では年間1億トン程度の鋼材を生産しているが、そのためには原材料の搬入、製鉄所内の輸送、鉄鋼製品の輸送など、多くの物流が必要だ。それらをあわせると合計で10億トン近い物資の輸送が必要とも言われている。

日本の鉄鋼業の国際競争力の源泉の1つは、別の章で説明した通り、臨海製鉄所で良好な港を有していること。世界中の良質な資源を海上輸送で製鉄所に運び入れ、生産した鋼材を港からすぐに出荷（輸出）することができるからだ。

日本から米国の西海岸（カリフォルニア州）など

国内の薄板３品在庫の推移

（単位：万トン）

460
450
440
430
420
410
400
390
380
370
360

2019年9月末 10月末 11月末 12月末 2020年1月末 2月末 3月末 4月末 5月末 6月末 7月末 8月末 9月末

日本鉄鋼連盟などの調査による

陸上輸送　トレーラーによるコイル輸送
写真提供：日鉄物流

海上輸送　鋼材運搬船（内航船）の中継基地での荷揚げ作業

に鋼材が輸出されているが、米国の中部で生産された鋼材を西海岸に陸上で運ぶよりも、日本から海上輸送したほうが安く、コスト競争力があるのだ。

鉄鋼の価格を考える場合は、需要家のもとに届けるところの物流費まで含めて考える必要がある。鋼材販売契約においては、「置き場渡し」（鉄鋼メーカーの置き場に置いておき、買い手が取りに来る契約）と「持ち込み渡し」（鉄鋼メーカーが、買い手の指定する場所に鋼材を持ち込み、輸送する契約）がある。どちらにするかも大事な要素となる。

薄板の物流は7割がコイルセンター経由、異形棒鋼は鉄筋加工業者に直送される

鉄鋼メーカーから需要家に鋼材が届けられる物流のルートは取引形態によってさまざまとなっている。たとえば電炉メーカーの代表品種である異形棒鋼の場合は「直送」が多くなっているが、これは鉄筋用途のものを鉄筋加工業者などに直接運ぶケースが多いからだ。

鋼板の場合、途中に加工業者を経由するケースが多く見られる。薄板の場合、約70％がコイルセンターで加工されてから需要家に納品されている。ヒモ付き取引の薄板でも、需要家に直送されるのは自動車メーカーや製缶メーカーの工場向け、あるいは単圧メーカー（リローラー）向けなど、大型の加工設備が備えられている場合に限られる。

薄板の在庫、適正水準量は４００万トン。20年はメーカー減産で10年ぶり低水準

鋼材の物流過程において、鉄鋼メーカー、問屋、ユーザーなどがそれぞれ鋼材在庫を保有している。鋼材需給を反映して、在庫数量は増えたり減ったりする。

国内の鋼材在庫数量を知るにはいくつかの統計があるが、特に注目度が高いのが薄板3品在庫と呼ばれる統計。これは熱延鋼板、冷延鋼板、表面処理鋼板（めっき鋼板）の薄板3品につき、①鉄鋼メーカー、②問屋、③コイルセンターの3者が保有している在庫量を、全国ベースで毎月末の時点で取りまとめた数字となっている。

Chap.1 最新動向
Chap.2 海外事情
Chap.3 鉄鋼製品
Chap.4 流通販売
Chap.5 主要企業
Chap.6 注目企業
Chap.7 仕事人
Chap.8 採用動向
Chap.9 歴史

薄板3品在庫は一般的に400万トンが適正水準とされている。一般的には、在庫がこれ以下であれば鋼材需給がタイトであることを映し、それ以上であれば需給が緩和状態であることを示している。また在庫率は、一般的に2カ月程度が適正水準とされている。

在庫量は月によって特殊な季節要因があるほか、悪天候（荒天）で港からの出荷が滞ったときには一時的に在庫量が増えることなどがある。次の項で述べる輸入材の動向も国内在庫水準に影響を与える。

2020年は、コロナ禍の影響で鉄鋼メーカーが減産し、薄板3品在庫が減少トレンドとなった。鉄鋼メーカーが想定したよりも早く自動車向け需要などが回復したため、出荷の回復ペースが在庫積み増しペースを上回った。そのため在庫は10年ぶりの低水準にまで減少して適正水準と言われる400万トンを下回り、鋼材需給はひっ迫（タイト化）する状況となった。

5 輸入鋼材

国内鋼材消費の約1割は輸入材、韓国、台湾、中国の3国で97%

日本国内に流通する鋼材は、日本の鉄鋼メーカーが生産する鋼材のほか、海外の鉄鋼メーカーが生産して日本向けに輸出するものがある。そうした鋼材を「輸入材」と呼ぶ。輸入材の数量や価格は、日本国内の鋼材需給に影響を与える。普通鋼鋼材と特殊鋼鋼材の輸入量をあわせると、日本に流通する鋼材の1割近くになっている。

財務省貿易統計によると、2019暦年の普通鋼鋼材輸入量は487万トンだった。2017年は468万トン、2018年は452万トンと、ここ数年は400万トン台半ばから後半で推移している。日本国内の鋼材消費量が約6000万トンなので、8%程度を占めている計算になる。なお、直近のピークは2014年で491万トンであり、直近のボトムはリーマンショック後の2009年で250万トンだった。

過去には、もっと多くの輸入材が日本に入ってきていた時代があった。普通鋼鋼材の過去最高数量は暦年ベースが1991年（平成3年）の750万5000トン、年度ベースが1991年度（平成3年度）の709万1000トンだった。平成の初めのバブル経済の頃になる。

なお、輸入されている普通鋼鋼材の品種は多岐にわたる。2019年実績で見ると熱延薄板類が154万トン、冷延薄板類が96万トン、亜鉛めっき鋼板が100万トン、厚中板が50万トンだった。ここ10年を見ると、亜鉛めっき鋼板の輸入増加が目立って

Chap.1 最新動向
Chap.2 海外事情
Chap.3 鉄鋼製品
Chap.4 流通販売
Chap.5 主要企業
Chap.6 注目企業
Chap.7 仕事人
Chap.8 採用動向
Chap.9 歴史

普通鋼鋼材の主要仕入れ国比率（2019年）

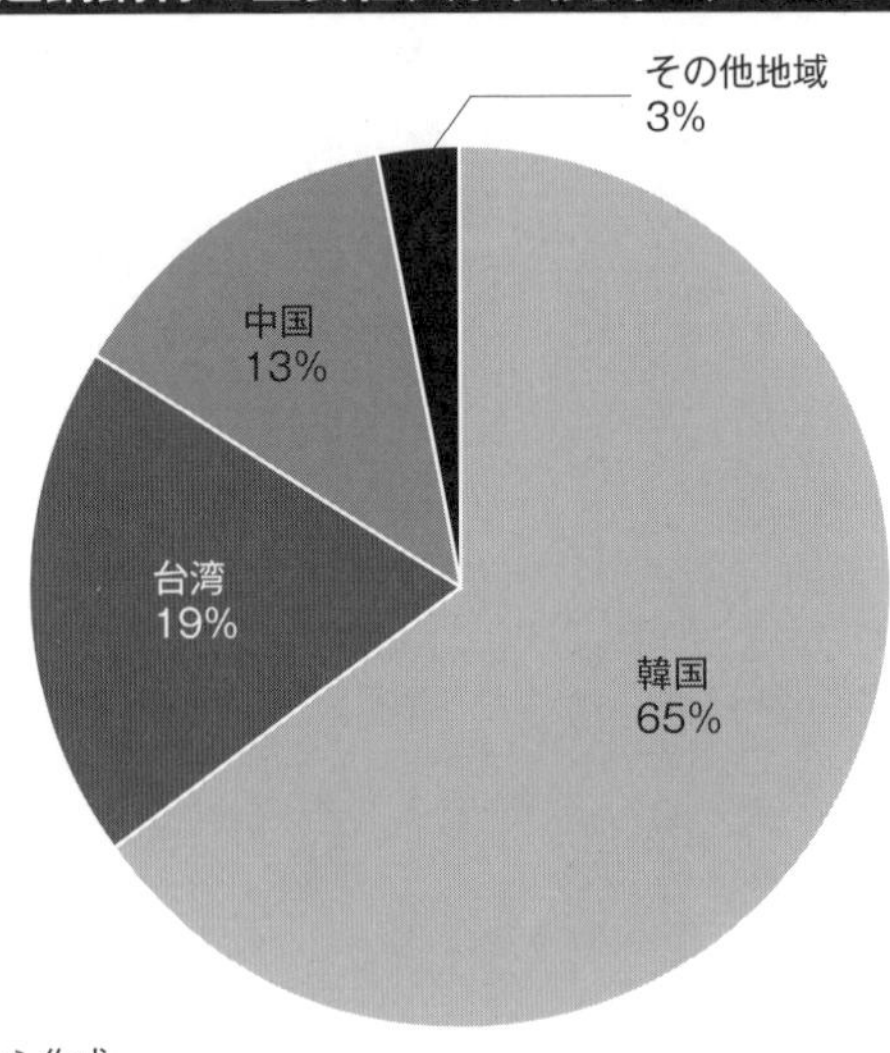

財務省貿易統計などから作成

いる。

普通鋼鋼材の仕入れ先別（２０１９年）では、１位が韓国で、３１５万トンと全体の65％を占める。2位が台湾で93万トン、3位が中国で64万トンだった。韓国・中国・台湾の３カ国で普通鋼鋼材輸入量全体の97％を占めた。

1位の韓国は、ここ数年65～70％を占めている。韓国には隣接する中国から多くの鋼材が輸出されてくる。流入する中国材に押し出される格好で、韓国メーカーが日本向けに輸出販売をする動きがしばしば見られる。これを「玉突き現象」と呼ぶが、東アジア地域の鋼材の流れは、中国が根源になっていることが多い。

日本への普通鋼輸入材の上位3カ国以外では4位のベトナムが6万９０００トン、5位のタイが1万２０００トン、6位のドイツが４８００トン、と極端に数量が少なくなっており、国内市場への影響は限定的となっている。

韓国ポスコ、台湾CSCが2大メーカー。2社の価格は、国内鋼材市況にも影響

個別メーカーでは韓国のポスコ、台湾のCSC（中国鋼鉄）が日本向けの2大ソースとなっている。2019年実績を見ると推定で、ポスコが290万トン程度、CSCが90万トン程度を日本に輸出したとみられる。その2社の対日販売価格は、国内鋼材市況にも大きな影響を与えるため注目されている。

なお統計上の普通鋼鋼材の数字に加えて、普通鋼用途とみられる中国製合金鋼を合わせた数字を、実質的な普通鋼鋼材の輸入数量と見るのが、より正確に実態を表していると言える。そうして捉えた広義の2019年普通鋼鋼材輸入量は517万トンだったと推計される。

中国では普通鋼を輸出するときに、増値税の還付を目的に、意図的に合金を混ぜて輸出することが行われる。

以前は、少量のボロンを混ぜる「ボロン材」として日本に輸入されていたが、今はクロムなどを少量添加している。そうした形で中国から輸入されるのは厚板や線材が多い。厚板は敷板として、また線材は普通線材として、ねじや釘用途に使われるケースがみられる。貿易統計を見ると、中国から合金鋼の厚板および線材が入っていることがわかる。

普通鋼鋼材のほか、2019年には82万トンの特殊鋼鋼材が輸入された。さらに、銑鉄、フェロアロイ（合金鉄）、半製品、二次製品なども輸入されており、これらすべてを合計した輸入量を「鉄鋼輸入量」と言う。2019年の実績は、銑鉄が18万トン、フェロアロイが159万トン、半製品が30万トン、二次製品が84万トンとなっており、鉄鋼輸入量は869万トンだった。ちなみに鉄鋼輸入量の過去最高は1991年（平成3年）の1383万6000トンとなっている。

Chapter5

鉄鋼業界の主要企業

～鉄鋼メーカーの現状と最新動向を探る～

1 日本製鉄
——国内1位、世界3位の鉄鋼メーカー

高炉5社時代の3社が統合。国内粗鋼生産能力は4500万トン

日本製鉄は、２０１２年10月に新日本製鉄と住友金属工業が経営統合して発足した新日鉄住金が２０１９年４月に社名を変えて発足した。２０１９年は単なる社名変更にとどまらず、同社グループにとってグループ企業の再編統合を伴うさまざまな動きがあった。それに合わせてニッポン発祥の企業としてグローバルで飛躍することを打ち出し、英文社名は「ニッポン・スチール」とした。

２０１９年を振り返ると、1月1日付で日新製鋼を完全子会社とした。3月28日には山陽特殊製鋼を子会社化した。日新製鋼はステンレス薄板が主要事業の1つだったため、新日鉄住金の子会社としてステンレス事業を展開していた新日鉄住金ステンレスとの間で、ステンレス鋼板・鋼管事業の再編を行い、新会社「日鉄ステンレス」を発足させた。２０１９年は5月に元号が平成から令和へと変わった年。新生・日本製鉄グループの船出は、新元号のスタートと重なり、それは日本の鉄鋼新時代が始まる年になったとも言える。

かつて日本の高炉メーカーは高炉5社体制（新日本製鉄、ＪＦＥスチール、住友金属工業、神戸製鋼所、日新製鋼）だった。そのうちの3社が1つになり、今や国内単独の粗鋼生産能力は約４５００万トン。全国粗鋼生産のうち、1社で4割強のシェアを持つ。薄板の代表品種である熱延コイルで見ると、国内生産シェアは約55％となる（鉄鋼新聞調べ）。世界鉄鋼協会（ワールド・スチール）が公表

した2019年のメーカー別粗鋼生産ランキング（連結ベース）によると、日本製鉄は5168万トンで、アルセロール・ミッタル、中国の宝武鋼鉄集団に次いで世界3位に位置している。

日本製鉄の連結売上規模は、年間で約6兆円。日本企業全体の中で上位30位以内にランクインする大きさとなる。グループ企業数は約540社。製鉄、エンジニアリング、ケミカル&マテリアル、システムソリューションに至るまで幅広い事業を展開している。グループ企業が300社を超えるのは国内では約20社しかなく、一大企業グループを形成。そこで働く従業員数は国内外で約10万5000人にも及ぶ。

筆者のインタビューに答える日本製鉄橋本社長

読者の中には、小学生の頃に社会科見学で製鉄所を訪問したことがある方がいるかもしれない。同社は国内に6製鉄所（製造拠点数＝地区数＝は13カ所）を持っている。その中で最大規模を誇るのは、東日本（ひがしにっぽん）製鉄所で、君津地区、鹿島地区、釜石地区などから成り、粗鋼生産能力は年1500万トン。君津地区は2020年4月までは君津製鉄所という単独の製鉄所だったが、ここだけで広さは1173万平方メートル。想像がつきにくいかもしれないが、東京ドーム約220個分の敷地を誇る広大な敷地だ。製鉄所は関係する取引先が多種多様にわたり関係企業数も多い。製鉄所がその地域の中心となっているところは企業城下町とも呼ばれ、雇用や地域経済に与える影響が大きい。

技術力に強み、総合力世界ナンバー1の鉄鋼メーカー目指す

日本製鉄は世界の鉄鋼メーカーの中で技術力がトップクラスに位置しており、その技術先進性こそが同社の競争力の源泉となる。その技術力は客観的にも評価が高い。たとえば特許数やグローバル性などの選考基準で世界の革新企業100社を選ぶ「トップ100グローバル・イノベーター」（米クラリベイト・アナリティクス主催）では日本製鉄が8年連続で選出されている。鉄鋼業で8年連続の受賞は同社のみ。同社の受賞は、研究開発活動、知的財産創造活動などが選出理由となっている。

また、特許調査のパテント・リザルト社がまとめた鉄鋼・非鉄金属・金属製品業界の「特許資産規模ランキング」（18年度版）というものがある。これは、同年度に登録された特許の注目度を企業別に得点化しているもので、日本製鉄が1位となっている。特に注目度が高かったのは「電磁鋼板を用いたIPM（磁石埋込式）モータのロータの誘導加熱方法」や「自動車車体の骨格部材」に関する技術など。戦略分野である自動車・エネルギー・インフラ分野において、技術開発力が高いことを示している。

生産構造改革で、国内はスリムで強靭な体制つくる

日本製鉄の現在の経営課題は何だろうか。生産構造対策による最適な固定費構造の実現、選択と集中（品種構成の高度化、海外事業の深化）、SDGsへの対応、などが挙げられる。今後の事業環境としては、国内需要が漸減していくと見ておく必要がある。輸出販売についても、世界的な保護主義の動きや自国産化の流れもあり、中国ミルとの競合なども考えると現在の数量規模を維持するのは難しそうだ。従い、国内では高炉設備の休止など生産構造改革を行い、スリムで強靭な体質に変えていく必要がある。修繕費・償却費などの固定費を圧縮して損益分岐点を引き下げ、コスト構造を強くして再生産可能な利益を確保しなければ生き残れない。

世界の中で相対的なコスト優位性を持つ中国ミル

とは別の領域で勝負していくことが求められる。汎用品の領域で勝負するのではなく、自動車向けの超ハイテン鋼板や特殊鋼棒線、電力や自動車向けの電磁鋼板のほか、エネルギー分野向けの高付加価値鋼管（高級シームレス鋼管）など、高付加価値で限界利益幅の大きな製品の比率を拡大していくことが必要となる。低採算品への依存度を減らし、品種構成を高度化することを目指すことになるが、高付加価値品をつくる際にも生産ラインを集中させ、なるべく安いコストでつくることが重要だ。

成長分野は海外だ。国内生産を減らし、海外生産を増やしていくことで一定のグローバル生産規模を維持する方針だ。同社の海外事業展開は、世界鉄鋼メーカーの中でもトップクラスと言える。同社の橋本英二社長は「現在の海外生産規模は２０００万トンで、国内粗鋼生産規模（４５００万トン）と合わせると６５００万トン。将来は、海外でM&A中心に量的拡大を図り、1億トンに引き上げたい」との考えを持っている。

インドの鉄鋼メーカーを共同買収した案件については別項で触れたが、これが最大のプロジェクトとなる。橋本社長は「アルセロール・ミッタルと共同経営する形で、当社としては社運を懸けて取り組んでいる。成長するインド市場でインサイダーになることに意味がある。買収した旧エッサール社は高炉や天然ガスを還元剤とした直接還元製鉄など、複数の製鉄法を手掛けていることも魅力の1つだ」と話している。

また、それ以外の海外事業についても「向こう5年間ぐらいのアセアンの成長、インドの成長を先取りする構えは既にできている」（橋本社長）。それを収益化していくことが同社の課題となっている。一方で、既存の海外事業を見渡して、他の鉄鋼事業とのシナジーがなくなったとか、赤字が継続しているなどの案件については、撤退も含めて見直しを進める方針だ。

電炉から初の薄板生産へ 鉄源の多様化を進める

日本製鉄は、高炉法以外の選択肢を増やすために、鉄源の多様化を進める方針を示している。橋本社長は「電炉を積極的にスタディする」と語っているが、その狙いについては①資源の活用②投資の圧縮③海外展開の選択肢を増やす——という3つの理由を挙げている。瀬戸内製鉄所の広畑地区では、電炉から薄板（電磁鋼板）を生産することを決め、2022年上期の稼働予定としている。日本製鉄が電炉から薄板を造るのは初めてのことであり、電炉から電磁鋼板を造るのは国内鉄鋼メーカーとして初のケースとなる。橋本社長は「広畑、米国合弁のAM／NSカルバート、インドのAM／NSインディアなどで電炉の技術蓄積を進める。海外での量的拡大における有力な選択肢であり、薄スラブ連続鋳造設備で熱延コイルをつくることなども考えていきたい」との考えを持っている。

高炉は1基で400～500万トンの生産規模になるのに対し、電炉は1基で100万～200万トン程度とコンパクト。さらに電炉は、稼働・非稼働のオンオフの切り替えが高炉に比べて機動的に行いやすいメリットがある。これまでの高炉・転炉法に加え、電炉法による高級鋼板の量産に乗り出すことで、日鉄の高級鋼戦略は厚みを増すことになる。広畑地区のコスト競争力の強化だけでなく、将来的な事業環境の変化に柔軟に対応するための技術的な選択肢が広がることになりそうだ。

エンジニアリング、ケミカル&マテリアル、システム事業なども展開

日本製鉄には鉄鋼事業（製鉄事業）のほか、エンジニアリング、ケミカル&マテリアル、システムソリューションの3つのセグメントがある。それぞれ日鉄エンジニアリング、日鉄ケミカル&マテリアル、日鉄ソリューションズという事業会社が事業母体となっており、これら非鉄3事業は製鉄事業と密接に結びついている。

エンジニアリング事業における製鉄プラント建設、化学事業におけるコークス副産物のタールの活用、新素材事業における全社研究開発部門の開発シーズや基礎技術の活用、そしてシステムソリューション

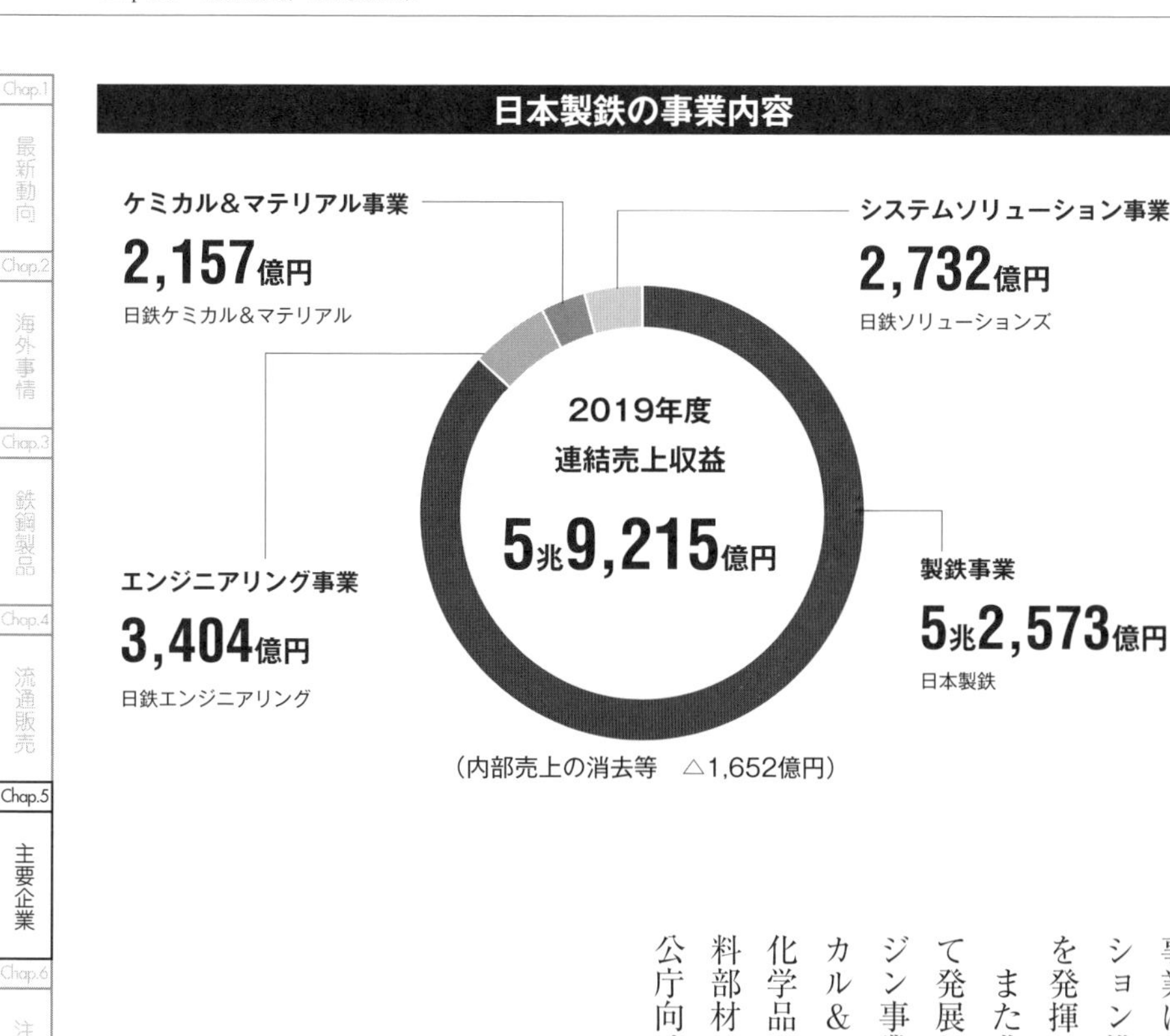

事業における製鉄事業効率化を支えるＩＴソリューション構築などは、いずれも製鉄事業とのシナジーを発揮できる事業ドメイン（領域）と言える。

また非鉄事業では、そうした主力分野から派生して発展した分野にも取り組んでいる。たとえばエンジン事業での環境・エネルギーや鋼構造分野、ケミカル&マテリアル事業でのスチレンモノマーなどの化学品や回路基板材料などの機能材料開発、電子材料部材や産業基礎部材、システム事業での金融・官公庁向け業務ソリューションなどが挙げられる。

2

ＪＦＥスチール
——川崎製鉄とＮＫＫが経営統合した国内2位メーカー

100%子会社のＪＦＥ条鋼は国内大手の普通鋼電炉メーカー

２００2年9月27日、わが国粗鋼生産2位のＮＫＫ（日本鋼管）と3位の川崎製鉄が経営統合して持ち株会社のＪＦＥホールディングスが発足。その半年後に、鉄鋼、エンジニアリングなど事業ごとの組織再編が実施され、鉄鋼事業会社として発足したのがＪＦＥスチール。日本製鉄に次ぐ粗鋼生産量を誇る国内2位の鉄鋼メーカーとなっている。

世界鉄鋼協会（ワールド・スチール）がまとめた２０１９年（暦年ベース）の鉄鋼メーカー別粗鋼生産ランキングによると、ＪＦＥスチールは２７３５万トンで12位だった。２０１８年まではトップ10に入っていたが、２０１９年は中国企業の増産や企業合併により、発足後初めて上位10社から外れた。１００%子会社のＪＦＥ条鋼（本社・東京都港区）は電炉メーカーとして国内大手に位置しており、粗鋼生産量は約１５０万トンとなっている。

日本国内で東西に2大製鉄所、グループ内で商社、エンジン、造船事業も

まずは源流となる2社のあらましを振り返る。ＮＫＫは１９１２年（明治45年）に創立された。官営に源を発する日本製鉄に対し、一途に民営を貫いてきたことから「民間の名門」とも称されてきた高炉メーカー。

有力な造船部門を持ち、その事業が日立造船、ＩＨＩ（石川島播磨重工業）など同業他社と統合を繰り返してきた。ユニバーサル造船という社名を経て、

現在は国内2位の造船メーカーであるＪＭＵ（ジャパン・マリン・ユナイテッド、現在はＪＦＥホールディングスが49・42％出資）となっている。

一方の川崎製鉄は１９５０年（昭和25年）、川崎重工業の製鉄部門が分離独立して発足した。歴代、技術系社長が続く一方、現場主義で設備・技術に重点を置く志向が目立ったことから「技術の川鉄」と言われた。

筆者のインタビューに答えるＪＦＥスチール北野社長

２社は８００億円程度の統合効果を掲げ、製鉄所の部長を入れ替えるなど、大胆な人事施策により融合を進めた。「ひと言で言えばＮＫＫのハードと川鉄のソフトが組み合わさった」と言われた。

特徴的なのは東西地区における製鉄所の統合。この２社統合は、統合の数年前から近隣製鉄所の協力・連携が始まっていた。１つはＮＫＫ福山製鉄所と川鉄水島製鉄所を統合した西日本製鉄所。もう１つはＮＫＫ京浜製鉄所と川鉄千葉製鉄所を統合した東日本製鉄所。

製鉄所内の2地区が離れているとはいえ、それを単一製鉄所とカウントすれば西日本製鉄所は粗鋼生産量２０００万トンを超える規模で、当時は韓国ポスコの光陽製鉄所を抜いて世界最大の製鉄所として注目された。

国内生産体制見直し、2500万トン体制へ。東日本製鉄所京浜地区の高炉休止決定

ＪＦＥスチールの今の経営課題は何だろうか。それは、国内の生産体制見直しであり、そのための生

産構造改革を行うことにある。固定費を削減して、損益分岐点を下げる必要がある。

同社の北野嘉久社長は2020年の3月に行った筆者のインタビューに対して「原料高・製品安に加え、中国ミルを中心とした供給増の動きなど環境が厳しさを増す中で、昨年来、構造改革の中身について検討を重ねてきた。新型コロナウイルスの感染拡大とは関係ない。今の事業環境が今後も続くとの前提に立ち、それを『ニューノーマル（新常態）』としたときに、JFEスチールとしてどのようにして収益を上げて成長していくのかをここ1年間議論してきた」と語っている。

従来、同社は国内粗鋼3000万トン体制を掲げてきた。ただ、今後の輸出環境の厳しさと日本の国内需要縮小を見据えて「当社の設備の機能維持のためには多額の固定費負担がかかるが、特に汎用品の輸出販売については、その負担を背負いながら当社が今後も手掛けていくのは難しい」と指摘したうえで「競合の厳しい輸出向け汎用品の削減と内需減に相当するのが高炉1基分であり、その能力（全社の約13％を占める約400万トン）を削減して国内粗鋼生産量を2500万～2600万トン規模にする必要があると判断した」と語っている。

そのための具体策が、東日本製鉄所京浜地区の高炉、製鋼、熱延ミルなどを休止すること。2023年9月に実施することを決め、現在は準備を進めている。同社の東日本製鉄所は西日本製鉄所に比べ固定費負担が大きく、収益が上がりにくい構造にある。東日本製鉄所には京浜地区と千葉地区の2つがあるが、千葉地区は重点分野である自動車向けの比率が高い。またステンレス、鉄粉は千葉地区だけで製造している。今後10年間の投資を考えると、劣化更新の投資額は京浜の方が大きくなることも踏まえ、京浜地区の高炉休止を決めた。

海外で「JFEブランド」の生産拡大 提携企業に技術・ノウハウを投入

国内では筋肉質な体制にして生産規模を減らす一方で、海外では生産を増やしていく考えだ。同社は従来から、出資先の提携企業が生産する製品を含めた「ＪＦＥブランド」と呼べる製品について、グローバルで４０００万〜５０００万トンに増やすという方針を掲げている。

この点について北野社長は「国内で４００万トンの粗鋼能力を削減するが、海外ではＪＦＥブランドでの生産量を増やしていきたい。この意図は、例えば15％出資するインドのＪＳＷスチールには当社が過去に蓄積した技術や鉄づくりのノウハウが投入されており、ＪＦＥブランドと捉えることができる。また、宝武鋼鉄集団グループの韶鋼松山と折半出資で『宝武傑富意特殊鋼有限公司』（略称・ＢＪＳＳ）という事業会社をスタートしたが、ここにも当社の蓄積した技術やノウハウを投入していく。そうした形で当社が持つ世界最高の技術を、それを必要とする海外事業に投入（伝授）する形で、ＪＦＥブランドを海外で拡大していきたい。高級鋼が伸びる海外地域において、価値観の共有できるパートナーを見つけてＪＦＥの技術を投入し、海外事業に貢献していくという考え方だ」と述べている。

海外を伸ばすという点では、２０２０年4月に海外事業推進センターを設置。同社が蓄積してきた世界トップレベルの製鉄技術を活用して収益拡大を進めていきたい考えだ。具体的には、海外鉄鋼メーカーへの技術供与をより積極的に推進することで、技術供与に対するロイヤルティー（特許権など技術利用に対する対価）や技術協力収益、配当といったさまざまな形での収益拡大策を検討している。

3 神戸製鋼所——鈴木商店のDNAを受け継いだコングロマリット

鉄鋼事業の売上は全社の4割、アルミなど非鉄事業とのシナジー発揮

創立は1905年と110年以上の歴史を持つ。当時の大商社、鈴木商店が鋳鍛鋼専業メーカーの小林製鋼所を買収し、神戸製鋼所と改称したことを発祥としている。

その後、銅、鋼材、機械、エンジニアリングなど、お客様が必要とされる製品をお客様とともにつくり、提供することで、鉄鋼事業を中核に7つのセグメントを展開する複合経営企業（コングロマリット）として発展を続けているのが特徴だ。

鉄鋼事業の売上高は全社の中で約4割となっており、2019年度実績では連結売上高1兆8698億円のうち、鉄鋼事業部門が38・7％の7237億円だった。

鉄鋼事業の売上高が全社の半分以下というのは他の鉄鋼メーカーにはない事業構造となっている。同社の事業を捉えるには、鉄鋼を「素材系事業」の中の1つとして、素材系・機械系・電力の3つの事業が3本柱を構成しているとみれば全体がイメージしやすい。

神戸製鋼所は2020年4月、それまでは別々の事業部門で運営していた鋼材とアルミ板を統合する組織再編を行い、「鉄鋼アルミ事業部門」を新設した。鉄とアルミを両方つくっている素材メーカーは、世界の中で同社と、中国の宝武鋼鉄集団くらいしか見当たらない。山口貢社長は筆者のインタビューの中で「鉄とアルミの双方が持つ大規模な設備を使って大量生産していくという工場運営のノウハウや知

見を共有化し、横展開することで当社らしい総合力が発揮できる。社員のマインドとして、部門間でシナジーを生もうという意識が高まっている。それを具体的に発揮しやすい組織にするため、鋼材とアルミ板を組織統合した」と、その狙いを語る。自動車メーカーへは、骨格部品は鉄のハイテン（高張力）鋼板、パネル材はアルミ板、バンパーにはアルミ押出・加工品など、素材と接合技術を加えた形での提案営業を進めている。

筆者のインタビューに答える神戸製鋼所山口社長

国内市場の伸びが期待できない中、最近は国内メーカーによる事業再編の動きが目立っている。同社の幹部は「当社の技術・製品・サービスを通じて、自動車を含む輸送機分野における燃費向上とCO_2排出削減という社会課題の解決に貢献し、新しい価値を創造したい」と言う。

素材・機械・電力が事業の3本柱。世界でもユニークな鉄鋼メーカー

素材系事業である鉄鋼アルミ（鋼材、アルミ板）・素形材・溶接の3事業では、電気自動車の普及を支える特長ある素材（特殊鋼線材、鉄粉、銅合金）や、デジタル化が加速する技術革新を支える素材（アルミ、銅）、作業現場での人手不足を補う溶接ロボット等を扱っている。

機械系事業では、環境負荷の小さいＬＮＧ燃料船に用いられる圧縮機などをつくる機械事業。人・場所・時間などの制約を受けずに現場施工を可能にすることで、将来の人手不足の解消や現場無人化を狙

う、油圧ショベルのテレワークシステムの開発を手掛ける建設機械事業。新興国の深刻な交通渋滞の緩和に寄与する都市交通システムや、高炉法に比べCO2の発生を抑制する直接還元鉄という新製鉄法プラントなどを手掛けるエンジニアリング事業など、社会課題の解決に貢献する事業を多く手掛けている。

電力事業では、石炭のハンドリングや自家発電など、製鉄所の運営で培ったノウハウをもとに、02年度から神戸市で電力供給事業に参入している。栃木県真岡市では、都市ガスを燃料とするガスタービン・コンバインドサイクル発電方式により国内最高レベルの効率での発電を行っている。今後、神戸発電所の3号機、4号機が21年度、22年度にそれぞれ稼働予定であり、23年度以降は電力事業により年間400億円程度の収益を見込めることになる。

神戸発電所は最高水準の環境対策を実施して、クリーンで高効率な電力を近接する都市部に、送電ロスを極めて少ない状態で供給し、電力自給率の向上に寄与するだけでなく、地震や津波に強い発電所とすることで、災害に強い街づくりに貢献している。

さらには、発電に寄与した蒸気を利用した近隣事業者への熱供給事業の展開や、エンジニアリング事業部門との連携による下水汚泥燃料の発電への活用、水素ステーションの設置などを実現し、世界のモデルとなる環境配慮型の高効率な都市型発電所を目指している。

自動車向けハイテンと線材に強み ニッチ市場でトップシェア商品が多数

鉄鋼は業界3位、アルミや銅も業界トップクラスに次ぐポジションに位置しているが、同社幹部は「当社グループは、中小規模のニッチな市場の中でも、トップシェアとして存在感の強い特長ある製品・サービス・技術を数多く有している。そうした神戸製鋼らしさを失わない形で、将来の在り姿を描きたい」と話している。

例えば、①鉄鋼（特殊鋼線材）で自動車に使われる弁ばね用線材では世界シェア5割②溶接材料はアジアトッププレーヤー③船舶用クランクシャフトは世界シェア4割④チタンは国内トップクラス⑤アルミ板のディスク材では世界シェア6割⑥スクリュ式非汎用圧縮機は世界トップレベルのシェアなど、特定の領域で高いシェアを持つ「尖った」製品を持っている。

鉄鋼業界では「ハイテンの神戸」とか「線材の神戸」と言われる。いずれも自動車向けに使用される材料で、ハイテンは主に骨格材料に使用される薄板で高強度・高張力な製品。線材は特殊鋼の領域で、商品開発力と二次加工メーカーとの連携でお客様の課題を素材面から解決し、グローバルにサプライチェーンを構築している。ボリュームが大きい汎用鋼の部分ではなく、差別化のできる高級鋼の分野で自社の強みを生かすという、規模に見合った神戸製鋼らしい戦略と言える。

新たなグループ企業理念を制定 KOBELCOブランドで連結経営強化

同社は2020年5月に「KOBELCOが実現したい未来」「KOBELCOの使命・存在意義」を新たに定め、それまでの企業理念「KOBELCOの3つの約束」「KOBELCOの6つの誓い」と併せて体系化した、新たなグループ企業理念を制定した。

《KOBELCOが実現したい未来》
安全・安心で豊かな暮らしの中で、今と未来の人々が夢や希望を叶えられる世界。
《KOBELCOの使命・存在意義》
個性と技術を活かし合い、社会課題の解決に挑みつづける。

KOBELCOグループは、経営上重要な課題を「価値創造領域」と「経営基盤領域」に分けて、グループ経営理念をベースにサステナビリティ経営を推進している。

Chap.1 最新動向
Chap.2 海外事情
Chap.3 鉄鋼製品
Chap.4 流通販売
Chap.5 主要企業
Chap.6 注目企業
Chap.7 仕事人
Chap.8 採用動向
Chap.9 歴史

4

東京製鉄
――自主独立を掲げる大手普通鋼電炉メーカー

薄板や厚板も本格生産する異色の普通鋼電炉メーカー

東京製鉄は、条鋼・鋼板など多品種を生産する普通鋼電炉メーカーの最大手。電炉メーカーで熱延鋼板や溶融亜鉛めっき鋼板など薄板類や厚板を生産することと自体がわが国では異例だが、それ以外にも他メーカーとは違いが際立つ存在だ。過去には「業界の暴れん坊」とか「業界の異端児」と呼ばれたこともあったが、グローバルスタンダードで見れば決して異端児とは言えないだろう。わが国鉄鋼メーカーとしては「異色」という言葉が適切だと思われる。

では、どんな点が異色なのか？　列挙してみたい。

第一には先述の通り、鋼板を本格的に製造するメーカーであること。わが国の普通鋼電炉は、大半が鉄筋棒鋼やH形鋼など、条鋼類のみを生産している。1991年、電炉メーカーとして国内で初めて熱延コイル（熱延広幅帯鋼）の量産に成功。今では熱延コイル、酸洗コイル、溶融亜鉛めっきコイル、縞コイル、カットシート、厚板と本格的に鋼板生産を手掛けている。

異色の第二は、独立独歩・自主独立スピリッツが極めて強いこと。日本鉄鋼連盟や普通鋼電炉工業会などの業界団体に加盟していない孤高のメーカーと言えよう。社員は口を揃えて「うちの社風は、常に挑戦、めげない、負けない」と言う。先ほどの熱延コイルへの生産進出も、そうした東鉄スピリッツの現れと言える。

鉄鋼業界では、H形鋼をめぐる新日本製鉄（現在の日本製鉄）と東京製鉄の「H形鋼戦争」が過去に繰り広げられた。H形鋼は長い間、高炉メーカーである新日本製鉄が市場を制覇していたが、熾烈な販売競争を行った。今でも、国内H形鋼の生産販売シェアは1位、2位を東京製鉄と日本製鉄が競い合う形になっている。

毎月、販売価格を発表、鋼材市況の指標価格に

異色の第三点目は、リストプライスと呼ばれる品種別販売価格を毎月公表すること。東京製鉄が毎月20日前後に発表するH形鋼、棒鋼、薄板、厚板などの発表価格は、国内鋼材価格に大きな影響を与え、1つの指標価格となっている。

薄板類で見ると、国内の生産シェアはまだ3％程度にすぎず、一部分野を除いて鉄鋼需給に大きな影響を与えるボリュームではない。ただ、高炉など国内の他メーカーが販売価格の絶対値を公表しない中で、市場に向けてアナウンスする東京製鉄の影響力は非常に大きなものがある。海外ではリストプライスを公表するメーカーは珍しくないが、国内高炉メーカーはヒモ付き取引なども多く、個別・相対で価格が決まるケースが多いため公表していないのが現状だ。

異色の第四点目は、小さな本社で会社を運営していること。間接部門を大胆に圧縮している。現在の従業員数は約1000人だが、そのうち総務や経理、原料調達、販売を担う本社部門はわずか40人弱となっている。東証一部上場企業で、本社がビルのワンフロアに集約され、これほどの少数精鋭で運営されている企業は稀だろう。

そうしたコンパクト経営を可能にしているのは、長らく無借金経営を続けてきたこととグループ企業が存在しないことが大きい。他の大企業にありがちな、金融機関からの資金調達やグループ企業の業績管理などの仕事はなく、「常に挑戦」のスピリットは本社部門にも生きている。

田原工場の薄板生産拡大が課題。電炉鋼材普及で資源循環型社会構築

東京製鉄は1934年（昭和9年）に東京都足立

区で創業。以後、1962年に岡山工場、1973年に九州工場、1975年に高松工場（2012年に生産停止して今はスクラップ集荷基地に）、1995年に宇都宮工場、2009年に田原工場を設け、現在では年産300万トン弱の生産規模となっている。田原工場は2009年に稼働した最新工場だが、それまで無借金経営だったところに1770億円の投資を決断して建設。国内4工場（岡山、九州、宇都宮、田原）の中で最大の面積を誇り、熱延コイル、カットシート、角形鋼管（コラム）を生産している。

東鉄の社長職は1975年（昭和50年）に創業者である池谷太郎氏の長男、池谷正成氏が後を継いだ。創業家の池谷家や関連財団が株式の3割強を保有するオーナー色の強い企業だが、2006年に一族出身でない製鋼技術畑の西本利一氏が社長に就任している。

西本社長は、国内に建築物等の形で鉄スクラップの蓄積量が13億トン以ある一方で、年間700万～800万トンの鉄スクラップが輸出されている日本の現状を踏まえて「長期的に鉄スクラップの価格は必ず安くなっていくと信じている。世界中で蓄積がどんどん増えるのだから。安価な鉄スクラップを競争力の源泉とし、リサイクル性・資源循環性の高い電炉で、鋼板類（薄板・厚板）の生産を拡大したい」との経営方針を打ち出している。

形鋼・棒鋼など条鋼と、薄板・厚板など鋼板類の生産販売比率は年によって変動するが、ほぼ条鋼6割・鋼板4割。条鋼では国内で一定のシェアをキープしており、国内市場全体が伸びない中で、さらに生産を増やすという考えはない。鋼板類の国内シェアは3％程度にすぎず、マーケットが大きいため電炉鋼材の普及を進められるとの考えで、鋼板シフト戦略を推進している。

電炉鋼材の拡大を進めるため、2018年に東京製鉄は韓国2位の電炉メーカーである東国製鋼と資本・業務提携した。電炉メーカー同士で互いの強みを生かして電炉鋼材の一層の普及を図るほか、製造技術や品質、省エネなどで交流を進め、鉄スクラップの高度利用と脱炭素社会の実現に貢献していく考え。東国製鋼は世界でも有数のカラー鋼板メーカーであり、東鉄が原板となる熱延コイルを供給することなどで電炉薄板の普及が広まる可能性がありそうだ。

なお、鉄スクラップの利用拡大に関しては、東京製鉄は2050年に向けた長期環境ビジョン「Tokyo Steel EcoVision 2050」を策定。理想とする脱炭素・循環型社会を実現するため、電炉鋼材の普及拡大と鉄スクラップの国内循環を図る決意を持つ。また、自社工場では屋根置きの太陽光発電など、再生可能エネルギーで発電した電気の使用量を着実に増やしている。

筆者のインタビューに答える東京製鉄西本社長

課題は、全社のフラッグシップミル（旗艦ミル）である田原工場での薄板生産拡大。19年度は圧延ベースで年産100万トン超の生産量となったが、今後の新型コロナ禍からの回復局面において、自動車向けのユーザー開拓などによりさらに数量を増やしたい考えだ。

過去には米国で三井物産などと合弁事業（タムコ社、東鉄が25％出資）を手掛けるなど海外事業を手掛けたケースもあったが、日本国内の鉄スクラップを再利用するのが経営理念の第一。国内での地産地消、わが国で資源循環モデルを構築することが自社の存在意義だと固く信じて突き進んでいる。

自動車向けのユーザー開拓は10年がかりで「Car to Car」活動を展開中。Aプレスと呼ばれる廃車スクラップを使用して電炉材を生産し、自動車メーカーに鋼材を納入する循環サイクルの発想だ。一部の電機メーカーとはそうしたクローズドリサイクルの仕組みを構築済みだが、自動車メーカーともそうした枠組みを構築することを念頭に取り組みを進めている。

5 大同特殊鋼 ——車向けが6割を占める特殊鋼電炉の最大手

100年超の歴史を重ねて特殊鋼事業を拡大

電気炉で特殊鋼を生産する特殊鋼専業メーカーの中で、最大規模を誇るのが大同特殊鋼。1916年の創業以来、100年を超える歴史を重ね、特殊鋼を中心とした事業を拡大してきた。中部地区の名門企業であり、中核工場は愛知県にある知多工場となっている。

大同特殊鋼の創業者は、日本の電力王と言われた福沢桃介氏。福沢諭吉の娘婿として歴史に名を残す希代の実業家だ。若き日に株式投資で財を成した福沢桃介に、当時の逓信大臣だった後藤新平がこう語ったという。

「金を貯めるだけでなく事業をやれ。国家的な事業をやりなさい」

桃介が特殊鋼づくりの世界に果敢に取り組んでいった背景には、後藤新平のこの言葉があると言われる。

「水力発電の余剰電力5000キロワットの利用策について調査せよ」と福沢が指示し、調査の結果、部下から進言があったのが電気炉によって特殊鋼をつくるアイデアだった。

電炉メーカーは電力多消費産業であり、製造コストに占める電力代比率が非常に高くなっている。大同特殊鋼の主力工場である知多工場（愛知県東海市）は中部電力管内では単一事業場による電力購入量がトップクラスでもあることから、電力会社と電炉メーカーは密接な結びつきがある。

大同特殊鋼は名古屋電燈という電力会社から製鋼

部門を分離して１９１６年に発足した経緯がある。今でも福沢桃介のＤＮＡと言える「持ち前の開拓精神」が息づいていると言えそうだ。

構造用鋼（合金鋼）、工具鋼などで高いシェア。豊富な品揃えを持つ専業トップメーカー

特殊鋼電炉メーカーの中で、大同特殊鋼の特徴は何か？　それは構造用鋼（合金鋼、炭素鋼）、軸受鋼、ステンレス鋼、ばね鋼、快削鋼、工具鋼といった幅広い特殊鋼品種を生産販売していること。特に、構造用鋼（合金鋼）、軸受鋼、ステンレス鋼、工具鋼の４つで高い市場シェアを持つのが強みだ。

日本の特殊鋼市場２０００万トンの中では、約７％（鉄鋼新聞調べ）のシェアを占めている。特殊鋼の厚板や薄板、形鋼、鋼管などは生産しておらず、形状としては棒鋼・線材を筆頭に、自由鍛造品、型鍛造品、帯鋼品、鋳造品など多彩な製品ラインナップを揃えている。

高炉メーカーは電炉メーカーよりも生産ロットが大きいために、特殊鋼の生産数量でみれば日本製鉄や神戸製鋼所のほうが上回る。ただ電炉メーカーは一般的に、小回りのきく生産体制、合金をうまく活用して特殊鋼をつくる技術の優位性などがあり、大同特殊鋼はそうした電炉の特性を生かす形で豊富な品揃えを持つところが専業トップメーカーたるゆえんと言えよう。

上工程である電炉設備は知多工場（愛知県東海市）に５基、渋川工場（群馬県渋川市）に３基で計８基。

最大製造拠点の知多工場は粗鋼生産能力が月間15万トン強の規模。先述の多品種にわたる特殊鋼製品を、単一工場ですべて製造できるのが特徴となっており、特殊鋼電炉メーカーの単一工場としては世界有数の高級鋼量産工場となっている。

国内で58年ぶり新工場稼働。製品ポートフォリオを改革

大同特殊鋼の特殊鋼販売のうち、６割程度が自動車向け。自動車産業はガソリン車からＥＶ（電気自動車）へのシフトが進み始め、ＥＶになるとエンジ

ンが不要になるので特殊鋼が使われる部品が減っていくとの懸念がある。

車1台当たりの特殊鋼の使用原単位を比較するとガソリン車より30~40%減少するとの予測もある。一方で、EVではモーターが多く搭載されているが、そこでは磁石や粉末が多く使われる。同社では磁石事業や粉末事業にも力を入れており、同社にとっては大きなビジネスチャンスとも言えそうだ。

EV普及には、インフラ整備や航続距離の課題が多く残されていることから、しばらくはエンジン車の主流が続くという見方もある。そうなった場合でも高燃費化ニーズは高まり、ターボ部品が増える見込み。

そこにはハイニッケル合金などの高付加価値商品(高強度・耐熱・耐食)の需要が増えるなど、鋼材消費が伸びる可能性もある。そうした部分が、自動車分野における成長ゾーンとなりそうだ。

2020年度を最終年度とする中期経営計画では、将来の構造用鋼の数量減少を見込み、構造材料から機能材料への製品ポートフォリオ改革を進めている。機能性の高い高級ステンレス、精密鋳造品、金属粉末や磁石などの比率を高めたい考えを持つ。

最近の動きでは、IHIから愛知事業所(愛知県知多市)の工場敷地部分を取得(土地・建物)し、2020年4月から大同特殊鋼の知多第2工場としてスタートした。国内での新工場稼働は58年ぶりのこと。この狙いは、中期経営計画で掲げる製品ポートフォリオ改革を実現することであり、近隣で高機能ステンレス鋼の加工を行う星崎工場などとの連携を強化する。IoTなど高度IT技術を活用した生産運営システムを構築しながら、機能性の高い高付加価値品を拡大することを目指している。

航空機用エンジンシャフトで世界シェア3割

これまでに触れたもの以外にも、大同特殊鋼にはキラリと光る〝尖った〟事業がいくつもある。

たとえば、群馬県の渋川工場で手掛ける航空機関連の事業が挙げられる。同工場は世界最大規模の再溶解設備を保有し航空機エンジンシャフト材を生産している。航空機エンジンシャフト材では世界シェアの3割を占める。

また、航空機エンジン世界大手のプラット・アンド・ホイットニー（P＆W社）から民間航空機ジェットエンジン（PW1000Gシリーズ）用ニッケル合金製鍛鋼品の製造認定を取得し、2017年から量産を開始している。

P＆W社から同製品の製造認定を受けるのは、大同特殊鋼がアジアで初めて。ニッケルを主成分とするニッケル合金は耐熱性・耐食性が高く、航空機のほか発電用ガスタービンなどにも使われる。これに強度や靭性をさらに高めた鍛鋼品をジェットエンジンのシャフト材として用いる。このシャフトが使われているエンジンは、数多くの民間機に搭載されている。

グループ会社の大同キャスティングスが製造するターボチャージャー部品では、ガソリン車のターボ化で燃費を改善しようという流れがある中で、タービンハウジングターボチャージャー部品を手掛けている。

また、他のグループ会社にはエンジンバルブ大手メーカーのフジオーゼックス、ステンレス鋼線大手の日本精線、特殊鋼メーカーの東北特殊鋼、商社の大同興業などがある。

グローバルネットワークとしては、インドのサンフラッグ社と提携関係にあるほか、米国のティムケン社とは生産協業を行っている。加えて技術供与・ライセンス供与先は北米のゲルダウ社、リパブリック社、欧州のアスコ社、ストマナ社などとなっており、グローバルネットワークの拡充を進めている。

6 普通鋼電炉メーカー

東京製鉄は薄板・厚板・条鋼など幅広い品種を製造する普通鋼電炉メーカーと紹介したが、多くの普通鋼電炉メーカーはいくつかの得意品種に特化している。大きくは異形棒鋼（鉄筋棒鋼）とH形鋼に分けられる。そのほかに平鋼や厚板を主力とするメーカーもある。

東京製鉄以外の主な特殊鋼鋼電炉メーカーを順に見てみよう。

【大和工業】積極果敢に海外進出、中東に続きベトナムにも

1944年（昭和19年）設立の独立系電炉メーカー。いち早く国際化を進めて海外現地生産に乗り出し、鉄鋼メーカーの中で高収益企業として評価が高い。

H形鋼が主力製品で、軌道用品も製造している。海外での電炉事業は米国に2社（ニューコアヤマト、アーカンソースチール）、タイ（サイアム・ヤマト）、韓国（ワイケースチール）に続き、中東のバーレーン（合弁会社名はスルブ社）に進出した。さらに2020年3月にはベトナムにある韓国ポスコの電炉に49%出資（合弁会社名：ポスコ・ヤマト・ビナ・スチール）した。同年9月には韓国ワイケースチールの株式51%を大韓製鋼に譲渡し、合弁で鉄筋事業を再構築する。

国内の生産拠点は兵庫県姫路市の本社工場。持株会社制を導入し、鉄鋼・重工部門や軌道用品部門を傘下に持っている。国内の鉄鋼事業（製造販売）は100%子会社のヤマトスチールが行っている。H形鋼の国内シェアは東京製鉄や日本製鉄に次ぐ3位

グループ。鋼矢板を製造する国内3社のうちの1社（他の2社は日本製鉄とＪＦＥスチール）でもある。

２０１７年6月29日付で、35年半ぶりに社長が交代した。それまではオーナー家の井上浩行氏が務めていたが、三井物産から招いた小林幹生常務が昇格した。

会長に退いた井上氏は代表権のない会長に就いた。１９８１年（昭和56年）12月に、創業者で父親の井上浅次氏を継いで36歳で社長就任。Ｈ形鋼、鋼矢板、軌条など電炉製品を強化する一方、87年には米国合弁の「ニューコア・ヤマト」を設立してＨ形鋼生産を開始した。その後、タイ、韓国、中東と海外展開を陣頭指揮してきた。

退任の会見では「つらかったのは、東京製鉄と新日鉄のＨ形鋼戦争の影響で11年間連続赤字となり、２００億円の累積赤字を計上したこと。うれしかったのは、そんな中で立ち上げたニューコア・ヤマトが、５カ月後の2月に50万ドルの黒字となり、翌3月には３００万ドルの黒字になったこと」と振り返った。

なお過去最高益は２００９年3月期で、売上高２０８０億円、経常利益５６９億円。

【共英製鋼】国内外で４００万トンの生産体制を構築

１９４７年（昭和22年）に大阪で伸鉄メーカーとしてスタートし、その後電炉一貫メーカーに発展した。現在は国内4工場（子会社の関東スチール含む）を拠点として、異形棒鋼の国内トップメーカー。形鋼・平鋼メーカーとしても一定のポジションを持つ。

海外進出にも積極的に取り組んでいる。ベトナム２工場と米国１工場、カナダ１工場で異形棒鋼、線材などを生産。グローバル生産量は、２０２０年3月期で国内１６５万トン、海外１７２万トンで、当面目標の「国内外合計で年間４００万トン体制」に近づいてきている。

国内・海外の鉄鋼事業に続く3本目の柱として、電炉の鉄スクラップ溶融技術を活用した環境リサイクル事業を手掛ける。

主力の国内鉄鋼事業は、枚方（大阪府枚方市）、山口（山口県山陽小野田市）、名古屋（愛知県飛島村）の3事業所と子会社の関東スチール（茨城県土浦市）の4拠点。山口事業所は、国内の普通鋼電炉工場で唯一、24時間操業している。

過去に経営環境が厳しくなって危機に直面したときに、当時の住友金属工業が35％出資して筆頭株主になった。その流れを継いで、現在は日本製鉄が26・7％（議決権所有割合）出資しており、日本製鉄の持分法適用会社となっている。

【大阪製鉄】海外初進出、インドネシアに新工場

日本製鉄の電炉子会社。日本製鉄の出資比率（議決権所有割合）は66・3％。

山形鋼、溝形鋼など一般形鋼大手の電炉メーカー。堺（大阪府堺市）、大阪恩加島（大阪市大正区）の2工場で山形鋼・溝形鋼など一般形鋼と、軽軌条、エレベータ・ガイドレールを生産。西日本熊本工場（熊本県宇土市）で異形棒鋼と小形形鋼を生産している。

加えて子会社の日本スチール（大阪府岸和田市）で平鋼・角鋼を生産、さらに2016年3月に三井物産から買収して連結子会社とした東京鋼鉄（栃木県小山市）で一般形鋼を生産している。2017年1月にはインドネシアで、国営クラカタウスチールと合弁で設立したクラカタウ・オオサカ・スチール（KOS）が操業を開始した。2020年3月期の連結販売量は約120万トンだった。

この数年、国内事業再編および生産最適化による体質改善と、M&Aによる産業構造改善や海外成長戦略の展開を進めてきた。体質改善策では2014年3月、子会社で北海道の異形棒鋼メーカー、新北海鋼業を解散した。2016年3月には大阪恩加島工場の電気炉など製鋼工程を休止して堺工場に集約、生産最適化を図った。

成長戦略では2016年3月、三井物産から東京鋼鉄を買収して連結子会社とした。一般形鋼の東西体制を確保したことで、中小形形鋼で国内トップシェア（推定で40％程度）となっている。インドネ

シアへの初の海外進出も成長戦略の1つに位置づけられる。

【トピー工業】車用ホイールなど多角経営に特色

日本製鉄が20・6％（議決権所有割合）出資し、持分法適用会社としている。

1921年（大正10年）個人経営で創業。1943年、合併で東都製鋼に社名変更した。1964年、車輪工業、東都製鋼、東都造機、東都鉄構の4社が合併し、トピー工業として発足した。

製鋼・圧延（H形鋼、平鋼、山形鋼など）部門のほか、自動車部品、建設機械部品、ロボット開発など多角経営が特色となっている。そうした面からユニークな製品が多く、セグメント用の部材やフォークリフトの柱材、ホイールのリム材や建設機械用足回り部品の履帯など含め、事業領域が幅広い。

鉄鋼の主力生産拠点である豊橋製造所（愛知県）では、総額300億円を投じた新製鋼工場が2015年3月から量産体制に移行している。省エネ型の新電炉は以前よりも3割近く電力コストが下がっているという。2018年10月には日本初となる異形鉄筋の高密度コイル製品、コンパクトコイル「ＴＡＣｏｉｌ（ティーエコーコイル）」の販売を開始した。

海外展開も積極的で、最近はメキシコやインドネシアに進出。建設機械用足回り部品や乗用車用ホイール、トラック・バス用ホイール、工業用ファスナーなどの事業でグローバルネットワークを一段と拡充している。

建設機械に使われる鉄製ベルトの「履帯」も主力製品の1つ。「履帯」は、履板(Shoe)と呼ばれる鉄の板などを組み合わせてつくられる

【合同製鉄】業界再編の中核的存在。普通線材で国内2位

日本製鉄が17・8％（議決権所有割合）出資し、社長を派遣している。長らく日本製鉄系電炉メーカーの中核的存在として、構造不況対策となる電炉業界再編のリード役の役割も果たしてきた。

設立は1937年（昭和12年）。1922年（大正11年）に個人創業された高石圧延工場を継承し、大阪製鋼という社名で設立された。関東の大手電炉メーカーだった大谷重工業を1977年に合併し、現社名となった。その後、日本砂鉄工業や江東製鋼、船橋製鋼を吸収するなど業界再編をリードした。共英製鋼との共同経営で、経営不振に陥っていた中山鋼業の立て直しにも成功した。

現在の国内拠点は、グループ会社を含めて6拠点。本体の合同製鉄では、大阪（生産品種は線材・形鋼）、姫路（構造用鋼）、船橋（鉄筋）の3製造所がある。100％子会社では、新潟県の三星金属工業（鉄筋）、福岡県のトーカイ（鉄筋）、関東の朝日工業（鉄筋・構造用鋼）の3製造拠点があり、計6拠点。生産品種のバランスがとれており、デリバリーの良さに定評がある。

合同製鉄が生産する普通線材（バーインコイル＝BICを含む）は、国内2位の数量規模を誇る。国内シェアは約25％で、1位の日本製鉄、3位のNS棒線と合わせ、日本製鉄グループで85％程度を占めている。

【JFE条鋼】4社統合で発足。JFE系の電炉が集結

JFE条鋼はJFEスチールが100％出資する普通鋼電炉メーカー。2012年4月、JFEスチールのグループ電炉メーカー4社が事業統合して発足した。統合対象となった4社は、旧JFE条鋼、ダイワスチール、東北スチール、豊平製鋼。東日本大震災で被災した東北スチールの設備復旧は当時断念した。2017年4月から仙台製造所をJFEスチールに移管し、5製造所体制となっている。

豊平製造所（北海道札幌市）と東部製造所（埼玉

県三郷市）、水島製造所（岡山県倉敷市）の3カ所で鉄筋棒鋼を生産し、鹿島製造所（茨城県神栖市）と姫路製造所（兵庫県姫路市）の東西2カ所で形鋼を生産している。姫路製造所では平鋼も生産する。2018年度の粗鋼生産量は157万トンで、普通鋼電炉メーカーとしては国内大手。

鉄筋棒鋼の需要縮小を背景に2020年1月には鹿島製造所で鉄筋棒鋼の生産を中止し、溝形鋼の生産を開始するなど品種・サイズについて最適な生産体制への見直しを実施した。

また、同社では電気炉で鉄スクラップを溶かす際の高熱を活用して廃棄物処理を行う資源リサイクル事業を、鉄筋棒鋼や形鋼に続く「第三の収益の柱」に育てるべく力を入れている。特に使用済み乾電池のリサイクル処理は2008年から手掛ける水島製造所に続き、17年には鹿島製造所でもスタート。東西に処理拠点を有する唯一の電炉メーカーとなっている。

【中部鋼鈑】国内唯一の電炉厚板専業メーカー

国内唯一の電炉厚板専業メーカー。1950年（昭和25年）、東海地区初の鋼板圧延メーカーとして設立された。厚板の販売先は関東から東海地区にかけての店売り向けが主力で、ユーザー向けでは建機・産機などが多い。

名古屋市内の市街地に立地する製鉄所としてコンパクトに集約されているが、日本最大級の200トン電気炉や世界的にもユニークな製鋼―圧延直結プロセスを実現した連続鋳造設備などを保有しており、効率的な生産が実現。売上高利益率は電炉メーカーの中で上位に位置していることが多い。

2020年3月期連結決算は、売上高が444億円、経常利益が46億5600万円、純利益が27億4700万円。同期の売上高経常利益率（ROS）ランキングで見ると、主要鉄鋼メーカーの中で1位の大和工業、2位の丸一鋼管に次ぐ3位だった。

7 特殊鋼電炉メーカー

国内最大の特殊鋼メーカーは、高炉メーカーの日本製鉄となっている。大同特殊鋼は特殊鋼電炉の中で国内最大メーカーと紹介したが、そのほかにも特集鋼専業の有力電炉メーカーが国内には存在している。

大同特殊鋼以外の主な普通鋼電炉メーカーを順に見てみよう。

【日立金属】日立グループの高機能材料メーカー

日立グループの金属材料メーカー。1956年（昭和31年）、日立製作所の鉄鋼部門が分離独立して発足した。日立金属のルーツである戸畑鋳物は1910年（明治43年）に東洋で初めての可鍛鋳鉄製造会社として鮎川義介氏（日産グループの創設者）によって設立された。一方、特殊鋼事業の主力拠点である安来工場の発祥は明治1899年（明治32年）設立の雲伯鉄鋼合資会社に遡る。そこから数えれば同社の歴史は120年を超えており、M&Aを繰り返した歴史は多様な事業構造を生んでいる。

主力事業は特殊鋼、磁性材料、配管機器、自動車用鋳物、鉄鋼圧延用ロール、電線材料となっている。特殊鋼では工具鋼、自動車エンジン部材、カミソリ替刃材、航空機エンジン部材、電子材・電池材など、造りにくい非汎用品種を得意とする。世界首位、国内首位のニッチトップ製品を数多く持ち、技術・製品開発力を駆使してトップシェアを保ちつつ、競争力を失った事業からは撤退する。日立グループらしい大胆な選択と集中で収益力を維持してきた。

2019年度から2事業本部制を敷く。金属材料事業本部は特殊鋼製品、素形材製品の２セグメントで構成し、機能部材事業本部は電線材料、磁性材料・パワーエレクトロニクスの２セグメントで構成する。

現行中期経営計画（19～21年度）における基本戦略は、自動車用鋳物、工具鋼・ロール、配管機器、産機材、電線材料で着実に収益を上げつつ、航空機・エネルギー材、電子材・電池材で先行投資して将来の成長機会をつかみ、自動車の電動化・電装化やパワー半導体の市場拡大を追い風に磁性材料・パワーエレクトロニクス材料を伸ばすこと。米中貿易摩擦の激化、一部の主力市場の競争激化、新型コロナ感染拡大による需要影響などで、中長期の事業・業績展望を取り巻く前提条件が大きく変わり、まずは20年度下期以降の黒字回復が最優先課題になっている。

親会社の日立製作所は、親子上場解消や親会社との事業シナジー見極めなどの観点から、日立金属を含む子会社を再編する方針を示している。すでに化学メーカーである日立化成の売却を決めたのに続き、「現行中期計画の終わる21年度までに連結上場子会社２社（日立金属と日立建機）について資本政策の方針を打ち出す」と説明しており、鉄鋼業界内でも日立金属の行方が注目されている。

【愛知製鋼】
国内専業2位、トヨタグループ企業

トヨタ自動車が筆頭株主として23・7％出資するトヨタグループの特殊鋼メーカー。特殊鋼専業では大同特殊鋼に次ぐ国内第２位の数量規模を持つ。日本製鉄が第２位の株主として７・７％出資している。トヨタ自動車の創業者である豊田喜一郎氏が「鉄資源が少ない日本においては、クルマづくりに適したよきハガネを、自らの手でつくり出さねばならない」と、自動車に要求される厳しい品質を満たす特殊鋼を、自分たちでつくり出そうという強い思いで設立された会社。豊田自動織機製作所の製鋼部が分離独立した豊田製鋼が母体。１９４５年（昭和20年）に現社名に変更した。

２０２０年８月に、今後10年で到達すべき姿を具体的に示した「愛知製鋼グループ２０３０年ビジョン」を公表した。経営環境が大きく変化する中、基本方針を「事業とモノづくり力の変革で収益力を向上させＥＳＧ経営を実践」としている。鋼（特殊鋼）・鍛（鍛造品）・ステンレス・スマートの社内カンパニー別ビジョンを明確に打ち出している。

鋼カンパニーは、鍛鋼一貫を生かした機械加工領域拡大、製造工程やレイアウトの抜本的見直し・スリム化、インド・バルドマン社を活用したグローバルでの最適鋼材サプライチェーン構築を目指す。

鍛カンパニーは、部品・完成品メーカーへの脱皮とより多品種生産に強い生産体制の構築を柱に掲げる。部品開発委員会を創設し、ＥＶ・ＦＣＶなど電動車の新商品開発に注力する。

ステンレスカンパニーは良品廉価なステンレス鋼材・部材を供給し、サステナブル社会に貢献することを目指し、スマートカンパニーは電子部品、磁石、センサ・金属繊維、デンタル、鉄供給材（土壌改良剤）を中心に伸ばす計画となっている。

【山陽特殊製鋼】日本製鉄系、軸受鋼で国内シェア首位

従来から日本製鉄が15・3％を出資する日本製鉄の連結対象会社だったが、２０１９年３月に出資比率を51％に拡大して日本製鉄の連結子会社となった。同時に、２０１８年から日本製鉄が子会社としてきたスウェーデンの特殊鋼メーカー、オバコの全株式を山陽特殊製鋼が取得し、オバコは山陽特殊製鋼の完全子会社となった。

山陽特殊製鋼は日本製鉄との連携による事業強化を図るとともに、オバコを完全子会社としたことで軸受鋼などを中心にグローバル展開を拡充する。日本製鉄、山陽特殊製鋼、オバコの3社トータルで見たグループとしての特殊鋼生産規模は５００万トン程度となり、世界トップクラスの特殊鋼企業グループとなっている。

山陽特殊製鋼は、特殊鋼の中でもベアリング（軸受）などに使われる軸受鋼が強いのが特徴で国内シェアトップ。ベアリングは自動車をはじめ、産業

機械、鉄道、風力発電機など、さまざまな機械・設備の回転構造に使われる部品で、機械の回転部位には必ず使われる重要部品。技術開発面では、ベアリングの寿命を左右する鋼の清浄度向上に力を入れてきた。特殊鋼専業では唯一、継ぎ目無し鋼管（シームレス鋼管）を生産している。

歴史をさかのぼると１９３３年（昭和８年）に山陽製鋼所として創業。１９５９年、山陽特殊製鋼に改称した。１９６３年に大阪特殊製鋼を吸収合併し、設備能力の増強を急いだが、鉄鋼大不況も重なり経営が悪化。１９６５年に会社更生法を申請して再建に着手した。その後、企業体質も大きく改善して、１９８０年に大阪証券取引所第二部に再上場、１９８５年には東京証券取引所第一部に再上場した。山崎豊子の小説「華麗なる一族」のモデル企業の１つになったと言われている。

【三菱製鋼】三菱グループの特殊鋼鋼材・ばねメーカー

三菱グループの特殊鋼鋼材、ばねメーカー。三菱重工業が６・５％出資する筆頭株主で、三菱商事なども出資している。

１９１７年（大正６年）に設立された東京鋼材と１９１９年に鋳鍛鋼品の製造をスタートした三菱造船長崎製鋼所（後に三菱重工業長崎製鋼所へ商号変更）が合併し、１９４２年に三菱製鋼として発足した。

事業としては①特殊鋼鋼材事業②ばね事業③素形材事業④機器装置事業――などから成っている。２０２０～22年度を対象とする新中期経営計画では「素材からの一貫生産ビジネスモデルの拡大」を掲げている。「鋼材とばね」では、インドネシア特殊鋼子会社のジャティム・タマン・スチール（ＪＡＴＩＭ）を活用したシナジー拡大を図る。インドネシアにおける商用車用板ばねの一貫生産の拡大を狙うとともに、適用製品の横展開を図りたい考えだ。

三菱製鋼は商用車用板ばねの生産をインドネシアの技術供与先、インドスプリング（ＩＳＰ）に全量委託している。従来は三菱製鋼室蘭特殊鋼（ＭＳＲ）のビレットを活用していたが、ＪＡＴＩＭが平鋼を一貫生産し、インドネシア国内で完結するビジネスモデルを構築した。

北米ばね事業では2020年に、自動車用巻ばね生産を米国からカナダに集約した。今後2021年度内に自動車用スタビライザ生産も米国からカナダ、メキシコに集約する計画となっている。

素形材事業でも一貫モデルの構築を進めていく。タイで量産する精密鋳造品（ターボチャージャー用タービンホイールやノズルベーン）に使われる合金素材（マスターインゴット）の内製化を目的に、千葉製作所内に設置するアドバンスド・マテリアルズ・センターではＶＩＭ（真空誘導溶解炉）を導入した。

【日本高周波鋼業】神戸製鋼グループの特殊鋼メーカー

神戸製鋼所グループの特殊鋼メーカーで、神戸製鋼所が51・57％出資。日本高周波重工業（1936年設立）の資産を継承して、1950年（昭和25年）に設立された。2年後の1952年に東証、大証に上場。1955年に神戸製鋼所が資本参加した。

生産拠点は富山製造所（富山県射水市）で、本体では特殊鋼事業のみを行う。製造した工具鋼の販売、機械加工、熱処理、表面処理を子会社のカムスが行う。鋳鉄事業と金型・工具事業は別の子会社が手掛ける。

産学連携の一環として、生産拠点のある富山県内の大学との共同研究で新しい技術の開発を積極的に行っている。ヒット製品となった高張力鋼板プレス金型用コーティング材ＭＡＣＨＡＯＮコートは、大学の研究機関において比較評価研究を行った。

需要分野は自動車向けが主体で、特殊鋼、鋳鉄、金型・工具の3事業を通じてエンジン廻り、足廻り、駆動部品などを生産販売。アポロ11号を月面に導いた部品として知られるミニチュアベアリング向け材料は国内シェアトップ。また、アルミサッシや新幹線に使われるアルミ押し出し用ダイス鋼材についても、国内ナンバー1のシェアを持っている。

軸受鋼の国内生産シェア（2019年度）

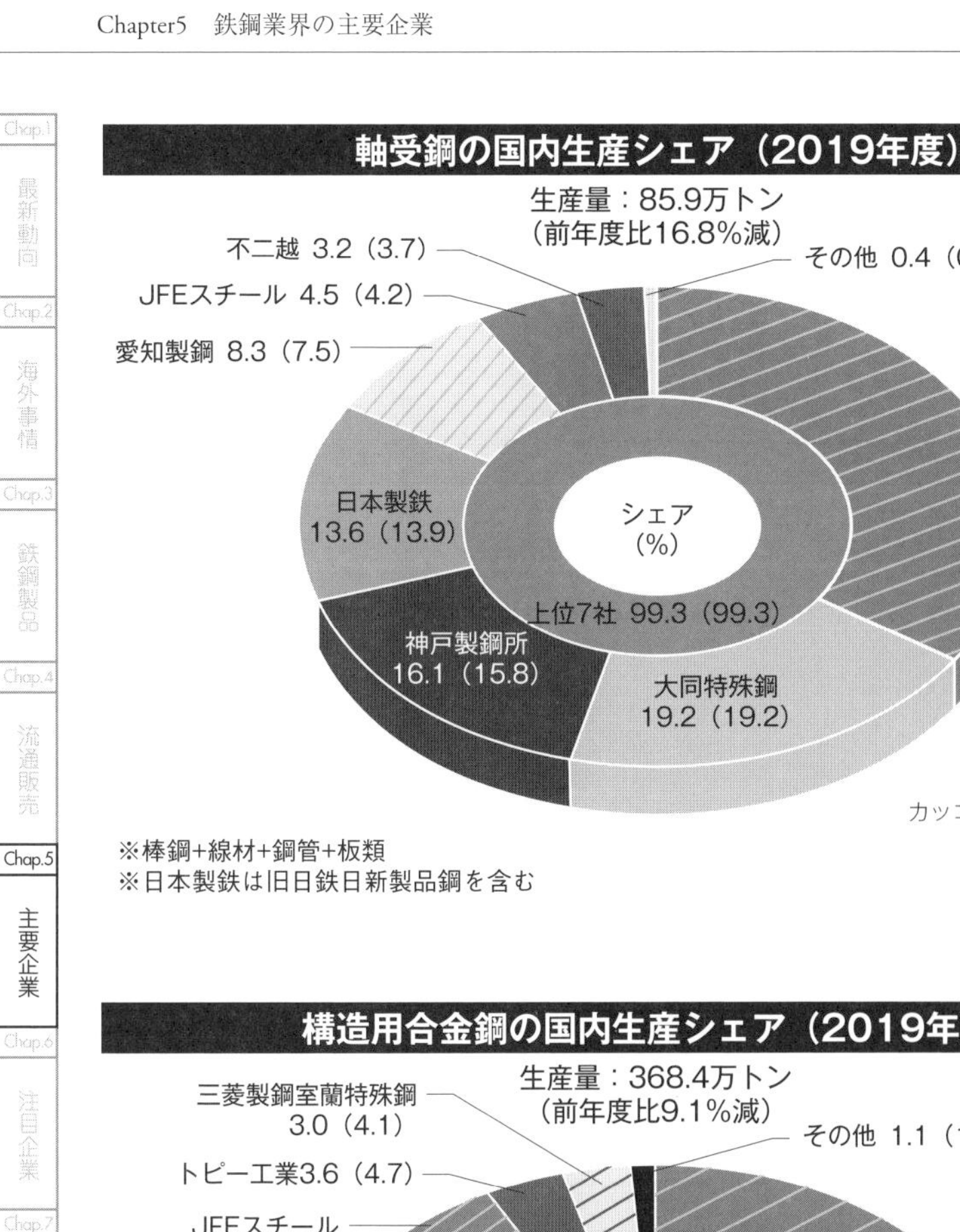

※棒鋼+線材+鋼管+板類
※日本製鉄は旧日鉄日新製品鋼を含む

構造用合金鋼の国内生産シェア（2019年度）

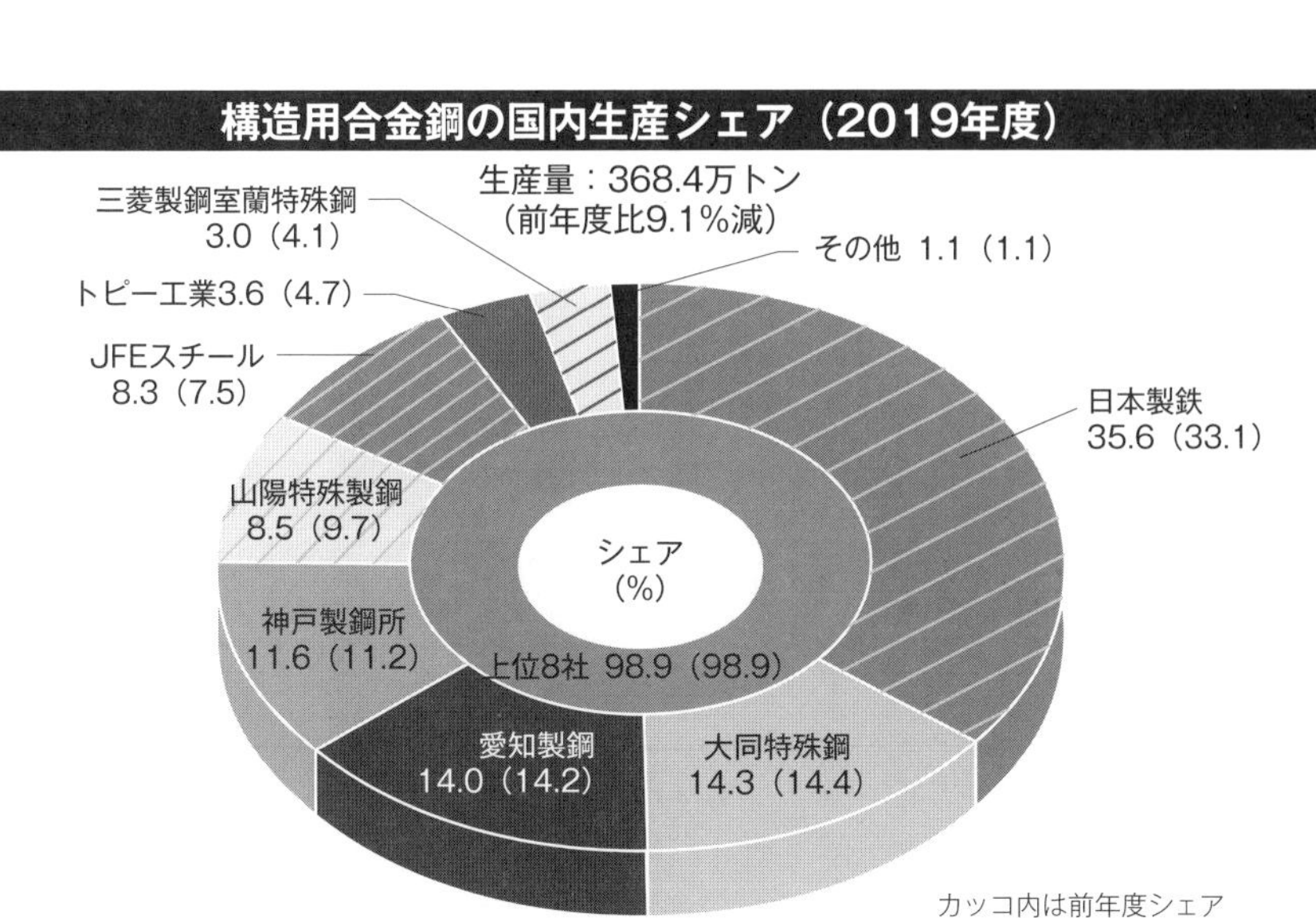

※日本製鉄は旧日鉄日新製鋼を含む

8 ステンレスメーカー

ステンレスは「錆びにくい」という意味である。主に普通鋼の供給により鉄道、道路、住宅など社会のインフラが整備されると、その次にステンレスの需要が増えてくる。鉄道が整備されれば車両、道路が整備されれば自動車、住宅が整備されれば家電の需要が生まれる。鉄道車両や自動車、家電、台所の流し台、食器類などにはステンレスが多く使われる。生活レベルの向上とステンレスの拡大は密接な関係にある。

ステンレスの生産量は過去50年間で30倍以上にも増えている。世界のステンレスメーカーが加盟する国際ステンレス・フォーラム（ＩＳＳＦ）によると、２０１９年の世界のステンレス粗鋼生産量は５２２２万トンと過去最高だった。そのうち、中国が56％を占めた。日本の比率は６％まで下がっているが、２００６年に中国に抜かれるまでは日本が世界最大のステンレス生産国だった。

世界のステンレスメーカーの中で、規模で最大手となるのは中国の青山控股集団（青山鋼鉄）。同社の２０１９年ステンレス生産量は１０６５万トンだった。また同じ中国で、普通鋼トップメーカーである中国・宝武鋼鉄集団がステンレス生産でも中国一・世界一を目指している。宝武のステンレス事業の中核グループ会社は宝鋼徳盛不銹鋼有限公司（福建省福州市）で、今の年産規模は３００万トン程度になっているが、将来的に６００万トン程度に増強する予定だ。それとは別に規模拡大策として、宝武は２０２０年8月には中国ステンレス大手の太原鋼鉄集団（山西省太原市、ＴＩＳＣＯ、ステンレス年産４５０万トン）を子会社化した。これにより、青

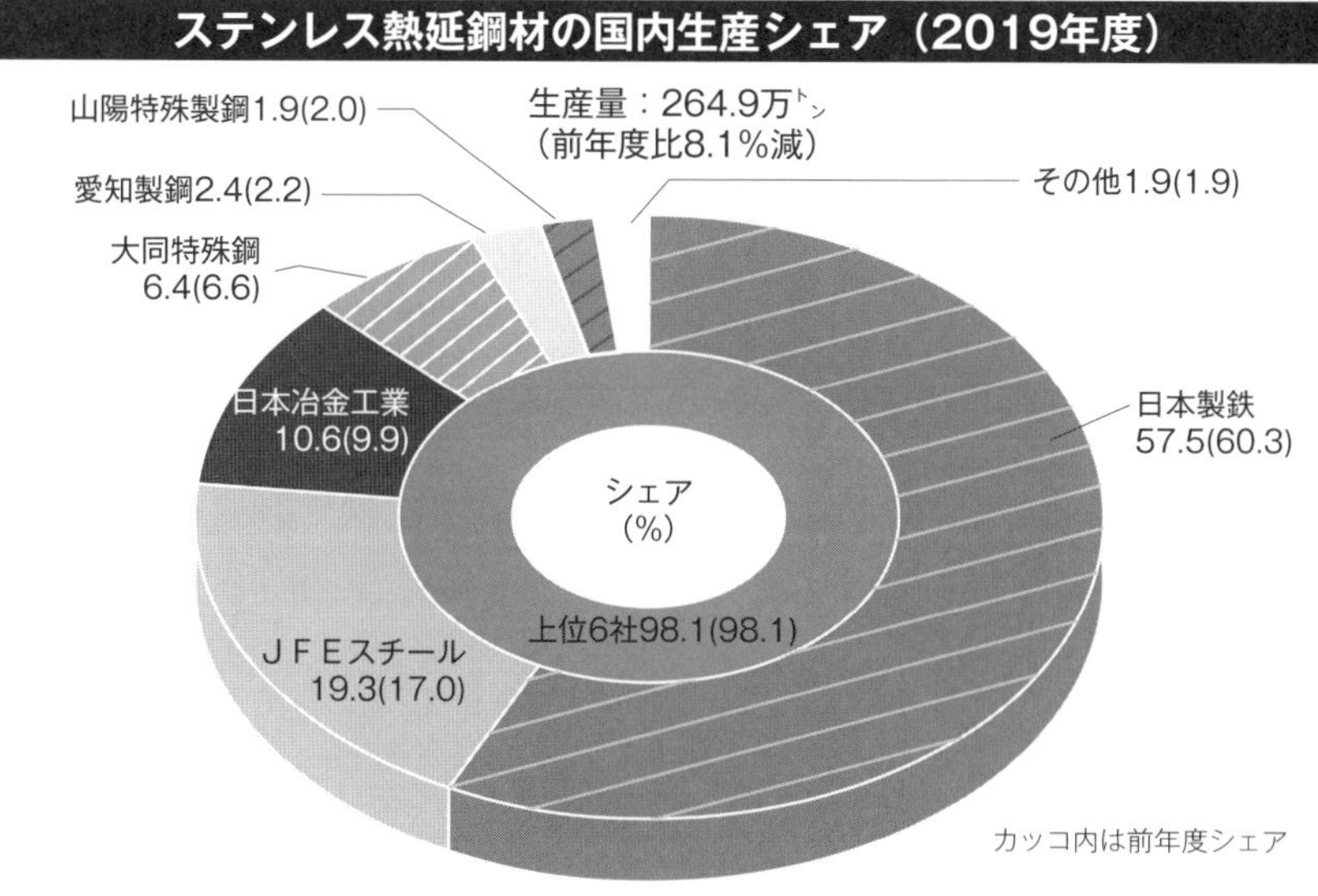

※日本製鉄＝日本製鉄＋日鉄ステンレス＋旧日鉄日新製鋼

山と並ぶ1000万トンメーカーになる道筋がついてきた。

そうした中国ステンレスメーカーに比べると日本のステンレスメーカーは規模が小さいが、技術力などにより独自性を発揮し、世界の中でも存在感を保っている。そうしたステンレスメーカーを順に見ていきたい。

なお、日本でステンレス鋼を生産するメーカーには高炉メーカーと電炉メーカーの両方がある。

【日鉄ステンレス】日本最大のステンレスメーカー

2019年4月1日に、旧新日鉄住金ステンレス、旧新日鉄住金の特殊ステンレス事業の一部、旧日新製鋼のステンレス鋼板事業が統合し、日本最大のステンレスメーカーとして発足した。日本製鉄の100%子会社。

粗鋼生産能力は年間180万トンで世界9位に位置する。製鋼拠点は山口製造所（光エリア、周南エリア）と日本製鉄・九州製鉄所（八幡地区）。山口は電炉法で主にニッケル系鋼種を生産し、日鉄・九州は高炉法でクロム系鋼種を生産する。製品出荷ベースでは年間150万トン。国内の製造拠点は鹿島（茨城県鹿嶋市）、衣浦（愛知県碧南市）、光（山口県光市）、周南（山口県周南市）、八幡（福岡県北九州市）の5拠点あり、薄板タンデム材は日鉄・九州が生産する。統合時の連結売上高は約4600億円。従業員数は連結で約3600人、単体で約3200人。厚板、薄板、棒線という幅広いステンレス品種を手掛けるステンレス総合メーカーだ。

日本のステンレスメーカーは生産規模では中国メーカーにかなわないが、技術力では世界トップレベルとなっており、製品の差別化で勝負している。

旧新日鉄住金ステンレスに焦点を当てて新製品開発の歴史を振り返ると、2010年に世界初のSn（錫）添加技術による省資源・高機能の高純度フェライト系薄板ステンレス「FWシリーズ」を開発。従来の汎用ステンレス鋼（SUS304）からレアメタル最大40％削減を実現した。FWシリーズは、旧住友金属工業の〝フェライト系ステンレスに有効な錫の微量添加〟という知見と、旧新日鉄の〝高純度フェライト系製造技術〟の組み合わせで誕生した。

また、2012年には汎用ステンレス鋼（SUS304）の代替として「NSSC2120」を開発。レアメタル削減に加え、二相鋼の持つ高強度という特性を生かした薄肉軽量化を進め、厚板中心に薄板にも展開している。日鉄ステンレス誕生後の2019年には高耐食ステンレス鋼（SUS316）の代替として「NSSC2351」を開発した。

海外事業では旧日新製鋼・ステンレス部門のネットワークを引き継ぎ、アセリノックス（スペイン）、寧波宝新不銹鋼（中国）などの出資先や海外子会社がある。15・81％を出資するアセリノックスは事業規模が大きいだけに、日鉄ステンレスの単独業績に配当金収入の形で一定の影響がある。

過去の業績推移を見ると、旧新日鉄住金ステンレスの過去最高益は2006年度。ステンレス原料となるニッケルの価格が大幅上昇したニッケルバブル期にあたり、利益の過半はニッケル価格高騰に伴う在庫評価益によるものだったが、連結経常利益39

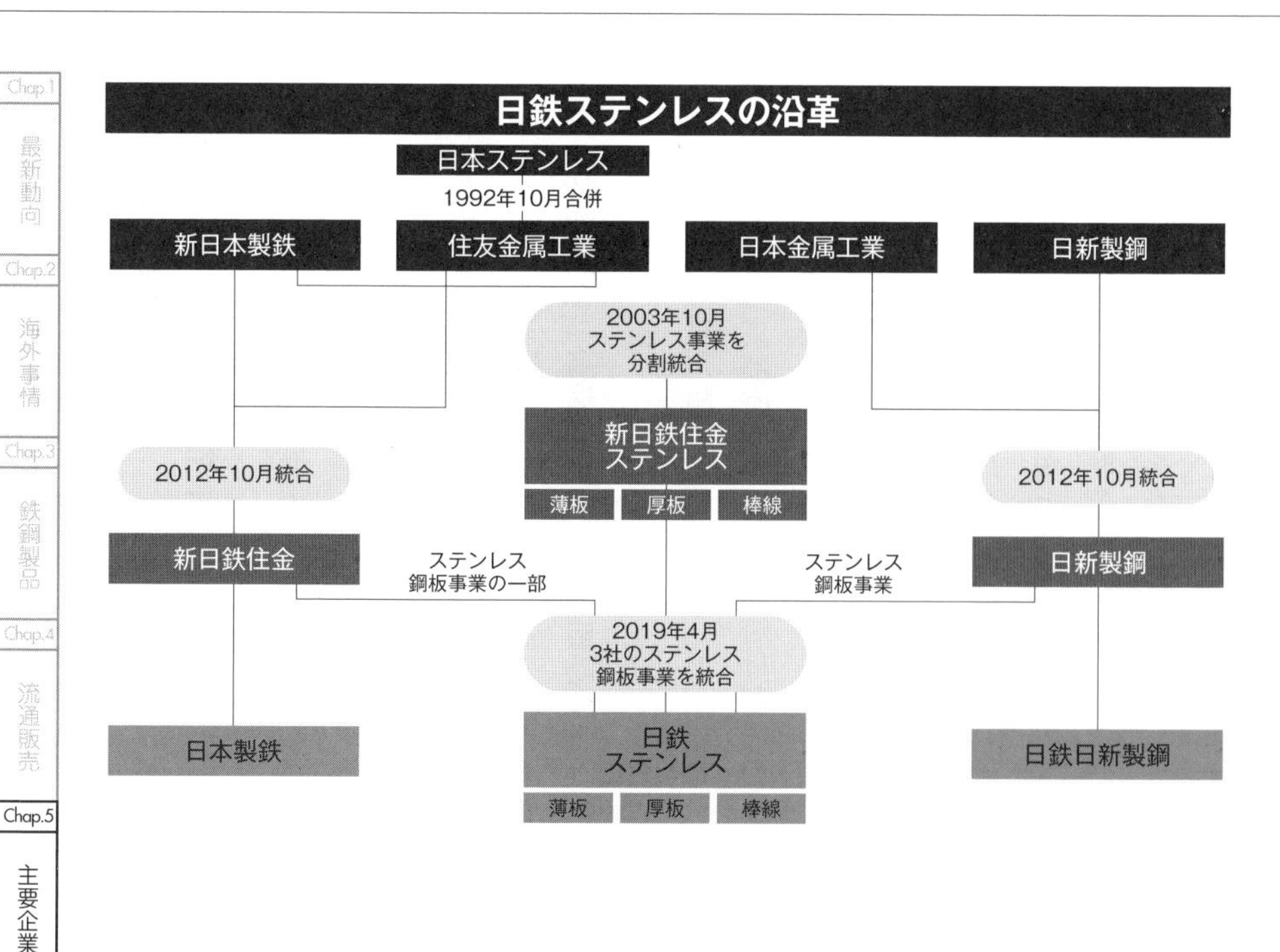

4億円を稼いだ。

新会社発足後の初決算となった19年度単独決算は、売上高が3706億円、経常利益55億円、最終赤字1億円だった。鋼材出荷は129万3000トンだった。3社のステンレス事業統合を受けてシナジーの発揮や合理化・効率化に取り組んでおり、国内製造拠点では衣浦製造所の熱延ミルを2020年末に休止するなど構造改革を進めている。日鉄ステンレスの伊藤仁社長は2020年12月の鉄鋼新聞のインタビューの中で、会社の在り方を根本的に見直す方針を示し「年間出荷100万トンでも黒字にできる会社に事業の骨格をリセットする。人員規模は統合時の3200人から現状3000人になっているが、2500人体制を目指す」と述べている。

なお、前身会社の1社である日新製鋼は、1959年に日本初の広幅冷間圧延用ゼンジミアミルを導入して以来、ステンレス量産時代の道を開いてきた歴史がある。日鉄ステンレスの歴史は、わが国ステンレス産業の歴史と大きく重なっている。

【日本冶金工業】NASブランドの電炉一貫メーカー

ＮＡＳブランドで知られるステンレス鋼板の電炉一貫メーカー。１９２５年（大正14年）、中央理化工業として設立され、１９４２年（昭和17年）に現社名に改称した。

主にニッケルを20％以上含有する高ニッケル合金の板・帯製品を「高機能材」とし、戦略分野と位置づけている。

国内製造拠点は川崎製造所（神奈川県川崎市）と大江山製造所（京都府宮津市）。川崎は国内で唯一となるステッケルミル（熱延仕上げミル）が稼働しており、設備に特徴がある。大江山はフェロニッケルを製造しており、同社は国内ステンレスメーカーの中で唯一、ニッケル精錬部門を持っている。

２０２０～23年度を対象とする中期経営計画では、「業界トップレベルの品質・納期・対応力で信頼され続けるグローバルサプライヤー」になることを目指す。川崎製造所では、２０２２年1月稼働予定の高効率電気炉を戦略設備投資の中核に位置づけ、精整工程への先進設備導入で競争力を高める方針。また、大江山製造所では、高品位原料（都市鉱山）使用拡大時の製錬技術確立を進めており、多様な高品位原料使用拡大に合わせた所内物流合理化も進める。

得意とする高機能材の世界拡販では、輸出の５割を占める中国市場に力を入れる。提携先である南京鋼鉄との合弁事業を軌道に乗せ、南京鋼鉄が持つ広幅圧延機の活用拡大も図る考えだ。グループの総合力も従来以上に重視しており、ナス物産、クリーンメタルなどグループ一体でコスト競争力を追求する。ニッチ製品（SUS304の汎用鋼種以外のアイテム）の拡販も強化する計画となっている。

【日本金属】ステンレス高級帯鋼のトップメーカー

１９３９年（昭和14年）に設立されたステンレス高級帯鋼のトップメーカー。電炉など上工程設備は保有しておらず、ステンレス精密圧延・加工メーカー。

圧延事業と加工品事業を中心に、１００％受注生産で需要家からの細かいニーズに応えている。「冷間圧延ステンレス鋼帯」「みがき特殊帯鋼」をはじめ、チタン・マグネシウム合金等の難加工材の製品開発にも取り組んでいる。

歴史を振り返ると、帯鋼だけでは付加価値が低いということで、１９５８年に加工品事業に進出した。精密異形鋼、精密パイプ、異種材料複合製品など高付加価値品を揃える。加工品事業の売上比率は約2割だが、収益貢献度は高い。

２０２０年度から10年間の経営計画「NIPPON KINZOKU 2030」を策定している。２０３０年に創立１００周年を迎えるにあたり「人と地球にやさしい新たな価値を共創するマルチ&ハイブリッド・マテリアル企業」をビジョンとする。

その基本方針は①リレーションシップの深化②製造力の強化③次世代成長製品の事業化④独自技術による将来を見据えた商品開発⑤活力ある職場づくりと人材強化。成長市場を捉えた新規事業化においては、マルチ&ハイブリッド・マテリアル、ニアネット・シェイプ、ニアネット・パフォーマンスの３つをキーワードとする。最適生産・検査体制を構築し、技術ニッチへの進展を図ることで、圧倒的な差別化製品の実現を目指している。

Chap.1 最新動向
Chap.2 海外事情
Chap.3 鉄鋼製品
Chap.4 流通販売
Chap.5 主要企業
Chap.6 注目企業
Chap.7 仕事人
Chap.8 採用動向
Chap.9 歴史

9 鉄鋼建材・表面処理メーカー

高炉メーカーから熱延コイルなど原板を調達し、圧延や表面処理加工して最終製品をつくるのが鉄鋼建材メーカーと言える。

建設分野向けの「建材製品」を主力としつつ、製品分野や向け先を広げて他社との差別化を図り、独自性を発揮しようとしている企業が多い。

高炉メーカーの系列企業、独立系企業、大手需要家系企業など、多岐にわたる企業が存在している。

また高炉メーカーから原板を調達し、表面処理を行ってブリキなど缶用鋼板を製造するメーカーもある。日本製鉄、ＪＦＥスチールの高炉2社も生産販売品種の中にブリキを抱えるブリキメーカーだが、ブリキ主体の表面処理鋼板メーカーもある。

こうした分野における主な企業を紹介したい。

【淀川製鋼所】カラー鋼板が主力。物置まで手掛ける

堅実経営に定評がある。１９３５年（昭和10年）に溶融亜鉛めっき鋼板メーカーとして発足した。現在は「鋼板」「建材」「エクステリア」「ロール」「グレーチング」を製造している。

業界トップクラスに位置する主力商品のカラー鋼板から、ヨド物置などの一般消費財まで、手掛ける製品は多岐にわたる。カラー鋼板では２０２０年１月に、穴あき25年保証の外装建材用カラー鋼板「ヨドＨｙｐｅｒＧＬカラー」の新商品3種類（萠・カラーＧＬ・タフロン）を発売開始し、高付加価値製品の拡販を進めている。また、エクステリアでは同年4月に新会社「福井ヨドコウ」を設立、本格的な

稼働は2022年春頃を予定している。

鋼板事業で海外展開も積極的。「アジアを中心にあらゆる地域の表面処理鋼板需要を捕捉する」との方針のもと、海外ではSYSCO社（台湾）、YSS社（中国）、PPT社（タイ）を展開している。台湾SYSCOは台湾証券市場に上場しており台湾国内で強いブランド力を確立している。

その他、兵庫県芦屋市にフランク・ロイド・ライト設計の国指定重要文化財「ヨドコウ迎賓館」を所有し公開するなど社会貢献活動にも注力している。

【日鉄建材】ロールコラムは国内シェアトップ

日鉄建材は、建材分野における日本製鉄の100%子会社で、2019年4月に日鉄住金建材から社名変更した。ロールコラムは国内でトップシェア。軽量形鋼も高いシェアを持つほか、ガードレールなどの道路商品、ダム、法面保護工法などもトップシェアを維持している。

会社の源流をさかのぼると1917年（大正6年）の富士製鋼設立にたどりつく。その後、再編統合を繰り返して今の形となっており、100年以上にわたって事業を営んできた歴史を持つ。最近の大きな転機は2006年に、日鉄建材工業と住友金属建材が経営統合して日鉄住金建材となったこと。経営統合を受け、住金建材・尼崎工場の製造品種を日鉄建材の拠点に集約するなどして、既存工場の稼働率を引き上げた。また、日鉄建材が保有していなかったポールや仮設製品などが、既存事業と高いシナジー効果を発揮した。2016年にグループ内の日鉄住金コラムを統合し、現在は7事業部門体制となっている。

海外事業にも取り組んでおり、中国やベトナム、台湾、フィリピンなどで合弁事業を展開している。

2021年4月には日鉄建材の道路関連事業（ガードレールなど防護柵、防音壁事業）と神戸製鋼所系の神鋼建材工業を事業統合し、新会社「日鉄神鋼建材」を発足させる。国内市場縮小を見据えた再編統合策であり、生産設備選択と集中を進めながらトップメーカーとしての生き残りを図る。

【JFE建材】
ガードレールなど道路商品や床商品に強み

JFE建材は、建材分野におけるJFEスチールの100%子会社。2002年9月のJFEグループ発足を受け、2003年4月に日本鋼管ライトスチールと川鉄建材が合併して発足した。

日本鋼管ライトスチールは、1960年（昭和35年）に日本鋼管の熊谷工場として創業されたのが起源。日本鋼管は、1956年（昭和31年）に日本初のガードレール（防護柵）を箱根宮ノ下に設置したことで知られ、歴史的に道路商品が強いのが特徴の1つになっている。

一方の川鉄建材は、1946年（昭和21年）に摩耶鋼業として創業され、その後に川鉄商事魚崎工場となった後、1960年に川鉄商事から分離して川鉄建材工業となった。

床商品事業では「デッキプレートのエキスパート」を標榜しており、合成スラブ構造用デッキプレートの「QLデッキ」は日本初の合成スラブ構造として同社の戦略商品となっている。

JFE建材は建築、道路、防災、セグメント事業を手掛ける総合建材メーカーとして確固たる地位を確立している。2020年8月には主力の熊谷工場で新たな土木商品成形ラインが稼働。既存3ラインを最新鋭の1ラインに集約したもので、全体の生産能力を月間2500トンと従来の約3倍に高めた。投資額は25億円と19年度の連結経常利益の半分を占める規模で「社運をかけた大型投資」となっている。

【東洋鋼鈑】
東洋製罐グループの表面処理鋼板メーカー

大手製缶メーカーである東洋製罐系の表面処理鋼板メーカー。東洋製罐グループホールディングス（GHD）内のグループ再編で、2018年8月に東洋製罐GHDの完全子会社になった。同グループ内の素材製造機能を担い、高炉メーカーから原板を購入し、ブリキをはじめ各種表面処理鋼板を生産している。

1934年（昭和9年）に民間初のブリキメー

カーとして発足した。その後、表面処理技術などを応用し、クラッド材や磁気ディスク用基板、硬質合金といった新たな需要分野の開拓を進めている。

２０１3年にはグループブランド「ＴＫ　ＷＯＲＫＳ」（ＴＯＹＯ　ＫＯＨＡＮの頭文字をとったＴＫ）を策定、海外展開を加速している。トルコでは、現地パートナーのトスヤル・ホールディングスとの間で合弁工場を運営している。

２０１６年には金型大手の富士テクニカ宮津を完全子会社化するなど、事業領域の拡大を進めている。

戦略商品の1つが、下松事業所（山口県下松市）で生産するニッケルめっき鋼板。電気自動車で使用される車載用二次電池向けなどに需要拡大が見込める製品となっており、生産体制を強化している。

【日鉄鋼板】次世代ガルバリウム鋼板などに強み

カラー鋼板など建材向け表面処理鋼板の大手メーカーで、日本製鉄の１００％子会社。２０２０年7月に日鉄日新製鋼建材（日新建）と合併したことで、事業規模・人員などがほぼ倍増した。現在、単独ベースの売上高は約１４００億円（２０２０年3月期）、従業員数は約１５００人。

歴史をさかのぼると、２００６年に新日本製鉄と住友金属工業の提携スキームの中で、それぞれの子会社だった日鉄鋼板と住友金属建材が経営統合し、日鉄住金鋼板となった。２０２０年に日新製鋼系の企業も統合するにあたり、元の社名である日鉄鋼板に戻った格好。なお、旧日鉄鋼板は大同鋼板と大洋製鋼が源流で、２００２年に両社が合併して発足した。住友金属建材の源流はイゲタ鋼板、イゲタ建材、住金鋼材工業の3社で、１９９７年に3社が統合して発足した。

最大の戦略商品は、エスジーエル（次世代ガルバリウム鋼板）の製品シリーズ。２０１４年に販売開始したもので、従来のガルバリウム鋼板（亜鉛アルミめっき鋼板）に比べ3倍超の耐食性を持つ。

また、金属サンドイッチパネル分野では２０１４年、従来製品の性能を向上させた「耐火イソバンドＰｒｏ」の販売を開始。次世代エスジーエルと並んで戦略商品の一翼を担っている。

２０２０年7月の新体制発足に伴い、製造拠点を①東日本製造所（船橋、市川など）②西日本製造所（尼崎、堺など）③鋼板加工製造所（市川、大阪など）――の３製造所体制に再編した。東日本の船橋地区では、２０１９年に約50億円を投じて溶融亜鉛めっき鋼板ライン（ＣＧＬ）の更新工事を実施。同社始まって以来の大型投資で、次世代ＳＧＬの生産体制を強化している。

【ＪＦＥ鋼板】高耐食めっき・カラー鋼板の新製品投入

カラー鋼板など建材向け表面処理鋼板の大手メーカーで、ＪＦＥスチールの１００％子会社。２００3年4月のＪＦＥスチール発足を受け、２００４年4月に川崎製鉄系の川鉄鋼板とＮＫＫ系のエヌケーケー鋼板が合併して今の形となった。

川鉄鋼板の源流である東京亜鉛鍍金は１９１３年（大正2年）の創立で、１００年以上にわたる事業の歴史を持つ。東京亜鉛鍍金は、日本初のカラー鋼板を商品化した会社でもある。

国内製造拠点は東日本製造所の千葉地区（千葉市）、京浜地区（川崎市）、倉敷製造所（岡山県倉敷市）の3カ所。ＪＦＥスチールから原板を調達し、亜鉛めっき鋼板やガルバリウム鋼板（亜鉛アルミめっき鋼板）、カラー鋼板をはじめ各種鋼板のほか、金属屋根や外壁材、建材用加工製品などを生産する。

事業の柱は、鋼板と建材の2つ。鋼板事業における戦略商品は、高耐食性クロメートフリーカラー鋼板である「Ｊクラフト」シリーズや、高耐食性溶融めっき鋼板の「ＪＦＥエコガル」「エコガルＮｅｏ」など。

建材分野では、鋼板事業において製造したファインスチールを活用した屋根・外壁材のほか、床材、道路向け遮音壁、住宅用構造部材などの建材用加工製品などの商品群を持つ。システム鉄骨軸組工法「ＪＦＥフレームキット」や、子会社の軽仮設機材メーカーであるＪＦＥ機材フォーミングが手掛ける次世代足場「ファステック」などの販売にも力を入れている。

10 溶接鋼管メーカー

高炉メーカーなどから熱延コイルなど原板を調達し、溶接して鋼管を生産するメーカーが溶接鋼管メーカー。溶協メーカーと呼ぶこともある。また電気抵抗で溶接を行う溶接鋼管は電縫鋼管と呼ばれることもある。

高炉メーカーの系列企業、独立系企業などがあり、高炉メーカー系の場合は自社の下工程を分社した企業との位置づけになっているケースが多い。

独立系企業の場合は、原板をどの企業（国内または海外の高炉メーカー）からどういう比率で購買するか、がコストを左右する要素の1つとなっている。

溶接鋼管の用途は自動車・オートバイなど輸送用機器向け、建築・土木向け、建産機向け、造船・プラント向けなど幅広い。

鋼管は中が空洞のため、輸送コストが他の品種に比べて高くつく傾向がある。そのため、どこに工場を構えて需要家にどう届けるか、つまり物流費をどう抑えるかがポイントの1つになっている。

こうした分野における主な企業を紹介したい。

【丸一鋼管】収益力高い鋼管専業トップメーカー

収益力が非常に高く財務体質が健全。鉄鋼業界の中でＲＯＳ（売上高経常利益率）ランキングの上位を維持する鋼管最大手メーカー。

１９２６年（大正15年）に自転車部品製造の丸一製作所として発足。１９３５（昭和10年）から自転車鋼管の製造を開始し、１９４７年（昭和22年）に丸一鋼管製作所に改組。１９６０年（昭和35年）に現在の社名となった。

創業以来、自主独立経営を堅持。需要地生産体制を構築しており、関連会社を含め北海道から九州まで国内に10工場を展開している。電縫鋼管の国内生産シェアは約18%とトップ。

製品販売は総合商社系経由と子会社の「丸一鋼販」経由の2ルートを通じて行っている。丸一鋼販は自前倉庫を持ち、在庫販売も行っている。これにより、顧客のニーズや需要動向・価格動向がビビッドに丸一鋼管に吸い上がるため、市場に敏感な経営戦略を常に立案できる強みがある。

海外進出にも積極的。現在は米国、メキシコ、中国、インド、ベトナム、インドネシア、フィリピンで現地生産している。

2020年4月、神戸製鋼所の完全子会社でステンレス継目無（シームレス）鋼管メーカーだったコベルコ鋼管を買収し、完全子会社とした。同年6月から「丸一ステンレス鋼管」と社名を変えて始動しており、シームレス鋼管事業にも領域を広げている。

【日鉄鋼管】自動車向け比率が高く、技術開発力に強み

自動車・オートバイ向けや建材分野向けを中心とする溶接鋼管メーカーで、日本製鉄の100%子会社。海外展開にも積極的で、グローバルでの連結人員数は約5000人に及ぶ。前身会社の1つである日本パイプ製造は1911年（明治44年）の創立であり、110年にわたる事業の歴史がある。

2012年10月に新日本製鉄と住友金属工業が合併して新日鉄住金が発足した後、それぞれの子会社の再編・統合を進める中で、溶接鋼管事業を手掛ける住友金属工業系の住友鋼管と新日本製鉄系の旧日鉄鋼管が合併し、2013年に日鉄住金鋼管として今の形ができあがった。2019年4月に現社名に変えた。

日鉄鋼管の国内製造拠点は、鹿島製造所（茨城県鹿嶋市）、名古屋製造所（愛知県東海市）、尼崎製造所（兵庫県尼崎市）、和歌山製造所（和歌山県和歌山市）、九州製造所（福岡県豊前市）の5カ所。

海外進出にも積極的で、米国、中国、タイ、ベトナム、インドネシア、インド、メキシコで現地生産している。

親会社の日本製鉄と連携して技術力向上を進めており、研究開発に注力している。メカニカルチューブテストセンター（部品評価試験設備）やハイドロフォーミング試験設備を持っている。CO2削減を目的とした軽量化や安全性向上という自動車のニーズに応えるため、3次元熱間曲げ焼入れ（3DQ）を開発した事例などがある。

日本製鉄グループでは、日本製鉄本体、日鉄鋼管、日鉄めっき鋼管（旧日鉄日新鋼管）が丸形の鋼管を、日鉄建材が角形鋼管を主に生産販売しており、事業をすみ分けている。ステンレス系は日鉄ステンレス鋼管が行っている。

日本製鉄本体も溶接鋼管事業を手掛けており、日本製鉄、日鉄鋼管、日鉄めっき鋼管、日鉄建材をあわせて、溶接鋼管の国内シェアは4割強となっている。日鉄鋼管は同業他社に比べて自動車向け比率が高い特徴がある。

【JFE溶接鋼管】
JFEグループ内の統合再編で発足

2017年4月に、JFEグループ内の溶接鋼管事業再編で、JFE鋼管と川崎鋼管が統合して発足。小径電縫鋼管のリーディングメーカーを目指している。同年10月には、JFEスチール知多製造所（愛知県知多市）にある小径電縫管の製造を移管し、JFE溶接鋼管の知多製造所とした。

JFE鋼管は1949年（昭和24年）創業の三瓶金属が前身。1968年に旧NKKの系列に入った。1973年に鋼管建材に社名変更。JFEスチール発足後、2005年にグループの溶接鋼管事業再編でJFE鋼管となった。一方の川崎鋼管は1947年（昭和22年）創業。1984年に旧NKKが資本参加した。約6割が自動車部品向けで、小径厚肉電縫管の製造や小径の内面ビードカット技術を得意としていた。

JFE溶接鋼管は通称「J溶管」と呼ばれる。連結売上高は約260億円、連結従業員数は約45

0人。生産拠点は、姉ケ崎製造所（千葉県市原市）、スリーケー製造所の伊勢原工場（神奈川県伊勢原市）、同磐田工場（静岡県磐田市）、知多製造所から成る3製造所4工場体制。年間生産能力は約20万トンに達する。

JFE溶接鋼管が出資する海外事業は中国の嘉興JFE精密鋼管（JJP）。JFEグループとしては自動車鋼管分野で初となる海外事業案件で、当時の川崎鋼管が出資した。また、その他海外鋼管メーカーへの技術供与なども行っている。

【モリ工業】ステンレス溶接管の国内大手メーカー

ステンレス溶接管の大手メーカー。1929年（昭和4年）創業で、90年以上の歴史がある。従業員数は約560名、年間売上高が約400億円の一部上場会社。大阪府堺市の自転車部品製造会社、森製作所が前身。自転車用部品であるフロントフォーク（前ホーク）の製造を開始したのがモリ工業の始まり。

1959年（昭和34年）にステンレス溶接管業界への進出により業種転換に着手し、その後、ステンレス溶接管を素材としたフレキシブル管、物干し竿などのユニークな二次加工品を幅広く手掛けるようになった。

1983年（昭和58年）からは、フラットバー、アングル、丸棒などステンレス条鋼製品の製造も開始した。ステンレス鋼管が主だが、普通鋼鋼管も手掛ける。

国内生産拠点は主力の河内長野工場（大阪府）のほか、美原工場（大阪府堺市）がある。加えて子会社の関東モリ工業が、埼玉工場と茨城工場を構える。2018年12月には新たに泉大津工場（大阪府泉大津市）を開設し、普通鋼鋼管の加工工程を移管した。

海外ではインドネシアの子会社、モリ・インドネシアがある。タイでは、自動車・二輪車用ステンレスパイプメーカーのオートメタル社に資本参加している。

【新家工業】自転車用リムの技術から発展

創業は今から115年以上前に遡る。1903年（明治36年）、わが国初の自転車用木製リムの製造を開始して個人で創業。続いて1915年（大正4年）には金属製リムの製造に成功し、現在の「アラヤリム」の基礎を築いた。1919年（大正8年）に会社組織に改め、新家自転車製造を設立した。1937年（昭和12年）、現社名に変更した。

1957年（昭和32年）、リム製造で培ったロールフォーミング技術などをベースに溶接鋼管分野に進出。自転車部門を縮小し、溶接鋼管メーカーに転身した歴史を持つ。

1971年（昭和46年）にインドネシアに進出して現地会社を設立しており、海外生産の歴史は約50年以上におよぶ。

国内工場は関西工場（大阪市）、名古屋工場（名古屋市）、千葉工場（千葉県印旛郡）、山中工場（石川県加賀市）。アラヤ特殊金属などのグループ会社がある。

一部上場企業で、年間売上高は連結ベースで約400億円となっている。

11 線材製品メーカー

線材を加工し、線材製品をつくるのが線材製品メーカー。線材加工メーカーと呼ぶこともある。自動車、家電、土木・建築など幅広い分野で必要とされる線材および線材製品は、釘、ねじ、バネ、ワイヤロープ、金網などに形を変え、われわれの生活に密接に関係する身近な商品となっている。

線材製品メーカーは高炉メーカーなどから普通線材、特殊線材、CH（コールドヘッダー＝冷間圧造）用線材などの線材類を仕入れ、加工して線材二次製品や線材三次製品を製造するのが典型的なビジネスモデル。企業によって、主に普通線材を加工するメーカー、主に特殊線材を加工するメーカー、主にCH用線材を加工してCH鋼線をつくるメーカー、などがある。

線材加工製品を大くくりに「二三次製品」と呼ぶこともあるが、二次加工を経た線材二次製品と、さらに三次加工を経た線材三次製品に分かれている。

たとえば線材二次製品には普通鉄線、ナマシ鉄線、亜鉛めっき線、硬鋼線、バネ用鋼線、PC鋼線、PC鋼棒、特殊鋼鋼線、CH（冷間圧造用）鋼線、高強度せん断補強筋、樹脂被覆線などがある。

また線材三次製品にはたとえば金網、ワイヤーメッシュ、バーメッシュ、フープ筋、ワイヤロープ、ファスナー製品、普通釘、特殊釘などがある。

そうした分野における主な企業を、いくつか紹介する。

【日本精線】ステンレス鋼線の国内トップメーカー

わが国におけるステンレス鋼線のパイオニアであ

り、トップメーカー。ステンレス鋼線と金属繊維が主事業となっている。独自技術による金属繊維「ナスロン（商品名）」などを持つ。

創業は1951年（昭和26年）。2003年（平成15年）に大同特殊鋼が日本冶金工業から株式を取得し、約4割の株式を保有する筆頭株主になっている。

国内工場は大阪府内に枚方工場と東大阪工場の2拠点を構える。

海外事業はタイ精線が中核拠点で、2018年に設立30周年を迎え、自動車部品用ステンレス鋼線などを手掛けている。その他、中国や韓国にも進出している。

単体で売上高が約320億円、従業員数が約600人の一部上場企業。「Micro & Fine Technology」をスローガンに掲げて次世代素材の技術開発に力を入れている

【東京製綱】ワイヤロープの国内トップメーカー

ワイヤロープの国内最大手。「トータル・ケーブル・テクノロジー」を標榜して、鋼索鋼線事業、スチールコード事業、エンジニアリング事業、CFCC（炭素繊維複合材ケーブル）事業の4つを中核事業としている。連結ベースでの従業員数が1766人、売上高が約630億円の一部上場企業。

1887年（明治20年）4月に日本初の麻ロープメーカーとして設立され、130年を超える歴史を持つ。1898年には、東洋で初めてワイヤロープを生産した企業として有名だ。筆頭株主は日本製鉄で約7%を保有。

ワイヤロープはエレベーター、建設機械、水産業、鉄鋼業を中心に国内で約40%のシェアを占める。スチールタイヤコードも、独立系メーカーの中でトップシェア（推定で約30%。タイヤコードを内製するタイヤメーカーを除いた数値）を占める。

また、グループ会社の東京製綱繊維ロープが手

Chap.1 最新動向
Chap.2 海外事情
Chap.3 鉄鋼製品
Chap.4 流通販売
Chap.5 主要企業
Chap.6 注目企業
Chap.7 仕事人
Chap.8 採用動向
Chap.9 歴史

掛ける各種繊維ロープでも、水産用ロープやレンジャーロープなど陸上用を中心に国内市場でトップシェア。

海外事業では2020年6月、中国のスチールコード事業を現地企業に譲渡することを公表。今後は韓国・高麗製鋼グループと合弁で運営する東綱スチールコード（岩手県北上市）に経営資源を集中し、スチールコード事業の収益改善に取り組む。

【日鉄SGワイヤ】
海外M&Aなどで世界トップシェアに

日本製鉄の100%子会社で、グループ内では特殊線材事業における中核子会社。代表的な製品である自動車のエンジンやクラッチに使われる自動車用弁ばね用線では、世界で40%のシェアを持つトップメーカー。

1938年（昭和13年）5月、産業の基礎資材であるピアノ線の需要拡大を予測し、当時すべて輸入品に依存していたピアノ線を、「日本人の手によって造り上げよう」というパイオニア精神から設立されたのが起源。それ以降、自動車、家電・精密機器、土木建築、医療などをはじめとした精緻な製造技術と高度な品質管理が要求されるさまざまな分野のニーズに応じ、約1万種類におよぶワイヤを製造・販売してきている。

近年ではグローバル展開を一段と強化。ステンレス鋼線の合弁事業会社設立、スウェーデン王国のガルピッタン社の買収・完全子会社化、タイ・スペシャル・ワイヤ社の連結子会社化等を通じた海外拠点の拡充などを進めている。

社名のSGは、スウェーデンに本社を構える子会社「スズキ・ガルピッタン」の英語の頭文字。当時、日鉄SGワイヤは鈴木金属工業という社名だったが、世界シェア2位の鈴木金属が、世界シェア1位のガルピッタン社を買収して話題になった。日本製鉄グループにとって当時、初の海外M&A案件だった。

【日亜鋼業】
日本製鉄系、めっき技術に強み

日本製鉄グループの大手二次線材製品メーカー。

連結ベースの社員数が約８３０人、売上高が約３１０億円の東証一部上場会社。日本製鉄が22％強出資しており、持分法適用会社（連結対象会社）としている。独自のめっき技術に強みを持つ。

１９０８年（明治41年）に田中亜鉛鍍金工場として発足。その後、社名が変わり、１９５２年（昭和27年）に日亜製鋼から分離独立し、日亜鋼業として設立されたのが起源となる。

普通線材製品、特殊線材製品、鋲螺線材製品が３本柱。普通線材製品は普通線材を素材とした各種めっき鉄線、また、めっき鉄線を素線とした加工製品からなる。公共土木向けの落石防止網、じゃかご、各種フェンス等に使用されている。

特殊線材製品は特殊線材を素材とした硬鋼線、各種めっき鋼線、鋼平線、鋼より線などからなる。自動車産業向けや電力通信産業向けに使われている。

鋲螺線材製品はトルシア形高力ボルト、高力六角ボルトおよび溶融亜鉛めっき高力ボルト等からなり、主として建築業向けに使用されている。

国内工場は、本社工場（尼崎市）と茨城工場（北茨城市）。ワイヤロープを製造しているジェイ―ワイテックスなどの子会社を持つ。海外事業会社は合金めっき線などを製造販売するタイのＴＳＮワイヤーなどを持つ。

【神鋼鋼線工業】PC鋼線で国内トップクラス

神戸製鋼所系の大手線材製品メーカー。ＰＣ鋼線、ばね・特殊線、鋼索、エンジニアリングの４部門が事業の柱となっている。連結売上高が約２９０億円、連結社員数が約９００人の東証二部上場企業。

設立は１９５４年（昭和29年）。神戸製鋼所から分離独立する形で発足した。コンクリートの弱点を補い強度を高めるため、橋梁から建築物までさまざまな分野で使用されているＰＣ鋼線では業界トップクラス。ワイヤロープでも国内シェアが30％強と高い。その他自動車向けのオイルテンパー（ＯＴ）線など、品質面に優れる製品を多く生産している。

２０１８年４月に、当時42％出資していたテザックワイヤロープを吸収合併。製品ブランド名を「テザック神鋼ワイヤロープ」に統一し、ブランド力を高めている。国内工場は尾上事業所（兵庫県加古川市）と二色浜事業所（大阪府貝塚市）の2拠点となった。

国内グループ会社には神鋼鋼線ステンレスなどがある。海外事業会社は、OT線を製造する中国・弁ばね鋼線合弁事業やタイ・バンコクにおける現地合弁「テザック・ウシャ・ワイヤロープ」などがある。

【サンユウ】関西地区の磨棒鋼トップメーカー

日本製鉄グループの磨棒鋼およびCH（冷間圧造用）鋼線メーカー。製造する磨棒鋼、CH鋼線は主に自動車向けに使用されている。

関西地区における磨棒鋼のトップメーカーとして存在感がある。日本製鉄から母材となる線材を購入し、二次加工している。日本製鉄の棒線事業ブランドである「SteeLinC」の参画企業となっている。

1957年（昭和32年）1月、創業者で初代社長の高島庄三郎氏が二人の友人の協力を得て磨棒鋼を事業化し、三友シャフト工業を設立した。社名の「三友」は「三人の友人」が由来となっている。

1991年（平成3年）に八尾精鋼を吸収合併して社名を現在のサンユウとした。1996年（平成8年）にはブランド力の向上を目的に大証二部に上場。磨棒鋼およびCH鋼線製造業としては業界初で、現在でも業界唯一の上場企業（東証二部）。連結ベースの売上高は約200億円、従業員数は約300人。

国内製造拠点は本社工場（大阪府枚方市）と八尾工場（同八尾市）。2017年4月にサンユウ九州を吸収合併しており、グループ会社は大阪ミガキと、磨棒鋼のリテール事業を展開する大同磨鋼材工業の2社。

12 その他のメーカー

【中山製鋼所】電炉から鋼板や棒鋼線材を生産する元高炉

鋼板と棒鋼・線材を生産するメーカー。2002年（平成14年）7月に高炉・焼結・転炉工場を休止したが、それまでは高炉を操業する高炉メーカーの1社だった。当時、わが国の高炉メーカーは新日本製鉄、NKK、住友金属工業、川崎製鉄、神戸製鋼所、日新製鋼、中山製鋼所の計7社あった。

2002年に高炉を止めて以来、鉄源問題が重要課題となっている。現在、月9万トン程度の熱延コイル生産のうち3万5000〜4万トンが自前の電炉鋼。残りはスラブ（半製品）を外部調達している。また月2万〜3万トンの棒線も母材となるビレットを全量外部調達している。電炉を使った自社鉄源の比率は現在40〜45%だが、これを50%に拡大したい意向を持つ。

歴史をたどると1919年（大正8年）、中山悦治が兵庫県尼崎で創業し、2019年に創業100周年を迎えた。1934年（昭和9年）に現社名に改称した。

1939年（昭和14年）に1号高炉が稼働し、上工程からの一貫生産体制を確立した。その後、名古屋製鋼所、清水製鋼所も操業規模を拡大した。

2001年（平成13年）に超微細粒熱延鋼板（NFG）の開発に成功し、世界で初めて工業生産（実用化）を開始した。

2005年（平成17年）には当時の新日本製鉄と棒線製造合弁会社のNS棒線（2016年からは100%子会社の中山棒線に移行。新日鉄住金からの受託生産は継続）を設立した。

その後経営不振に陥り、２０１０年にＮＳＲ（中山式冷鉄源溶解法）を行う冷鉄源熔解工場やコークス工場を休止するなど生産構造の改革・経営再建に取り組んだ。

２０１３年には地域経済活性化支援機構が同社の再生支援を決定。会社再建計画をまとめた。取引銀行の債権９０８億円（単体ベース）のうち６０２億円の債権放棄を決め、日本製鉄、日鉄物産、阪和興業など6社が、総額90億円の第三者割当増資を引き受けた。再建計画のもとで3期連続黒字となり、再生計画は3年間で終了した。

19年度からの新中期計画では①中山らしさを活かした事業展開・営業推進による収益力強化②グループ一体経営（協働）の推進による連結収益最大化③圧延受託など双方のメリットを追求した日本製鉄グループとのパートナー関係の維持・深化——を柱にしている。

【日本製鋼所】素形材や樹脂製造機械事業に強み

１９０７年（明治40年）に兵器の国産化を目的とした国家的事業として、北海道炭礦汽船と英国アームストロング・ウイットウォース社、ビッカース社の3社共同出資により、北海道室蘭市に設立された。

第二次世界大戦後は、兵器製造によって培った技術・技能を活かして、発電・化学工業・製鉄・造船向けなどへ事業展開。民需への転換を推し進めた。世界有数の素形材メーカーとして「ＪＳＷ」（英文社名であるJapan Steel Worksの略超）の名は業界内で広く知られている。

素形材・エンジニアリング事業と産業機械事業が2本柱。素形材・エネルギー事業は２０２０年4月に組織再編し、室蘭製作所を中核として子会社「日本製鋼所M&E」を発足させ、セグメント名を変更した。日本製鋼所の鉄鋼事業部門と風力発電機器保守サービス技術部門を事業分割し、関連会社4社と合併することにより、鉄鋼事業の製造・販売・技術を「日本製鋼所M&E」という1つの会社形態（別会社）とした。鉄鋼事業では、鋳鍛鋼製品と鋼材鋼管製品（クラッド鋼板・鋼管）が主力。第三の柱として検査、機械加工、エンジニアリングなど総合エンジニアリング事業を位置づけている。鋳鍛鋼分野では電力業界を取り巻く環境変化に対応して製品ポートフォリオを見直し、新しい製品を増やして電力や原子力製品の依存度を減らす方針を掲げている。

一方の産業機械事業は、機械事業部、成形機事業部が広島製作所と横浜製作所で事業展開している。ものづくり産業のための「ものづくり」を手掛ける事業であり、たとえば部品をつくる機械などを製造している。得意とするのは樹脂製造・加工機械分野の造粒機や射出成形機などで、総合樹脂機械メーカーとしては世界トップ。なお特機本部は防衛関連機器を手掛けている。

【新日本電工】合金鉄(フェロアロイ)の国内トップメーカー

日本製鉄が筆頭株主で21％（議決権割合ベース）を出資する。鉄鋼向け副原料である合金鉄（フェロアロイ）の国内最大手メーカーで、日本製鉄向けに合金鉄を供給することが事業の中核。

１９２５年（大正14年）に大垣電気冶金工業所（後の日本電気冶金）として合金鉄製造を開始したのが始まり。１９６３年（昭和38年）に東邦電化と合併し、日本電工として新発足した。２０１４年７月に、旧住友金属工業系の合金鉄メーカーだった中央電気工業を完全子会社化した。

合金鉄とは、鉄鋼生産において欠かすことのできない副原料。ほぼすべての鉄に添加されている原料で、たとえて言うなら鉄鋼の調味料、鼻薬と言える。鋼の強度アップのために添加されるフェロマンガンやシリコマンガン、油井管・ラインパイプなどの鋼管や、ばね製品を造る時などに添加されるフェロバナジウム、ステンレス製造で使われるフェロクロム、脱酸作用があるフェロシリコンなどが代表的。

新日本電工の主力商品は高炭素フェロマンガン。これはフェロマンガン製品の中で炭素成分の多いものを言い、同社が国内シェアトップ企業。

合金鉄事業が売上の6割強を占めるが、電池材料など機能材料事業などにも力を入れている。リチウムイオン二次電池のマンガン系正極材料などに強みを持つ。

得意分野は国内生産（主力拠点は徳島県阿南市にある徳島工場）を続ける一方で、海外生産にも乗り出している。南アフリカではマンガン鉱石の権益を確保。マレーシアのサラワク州で合弁会社に出資参画し、シリコマンガン、フェロシリコンなどを製造している。

【大平洋金属】フェロニッケル専業の合金鉄メーカー

フェロニッケル専業の合金鉄メーカー。フェロニッケルを主力製品とし、製錬工程において副産物として得られるフェロニッケルスラグ加工品を生産している。また低品位ニッケル鉱石からの製錬技術を生かした、ごみ焼却灰などの再資源化システムの事業を展開している。

１９４９年（昭和24年）日本曹達から分離独立し、日曹製鋼として発足。国内資源の活用として砂鉄の製錬に着目し、砂鉄を原料に電気炉による砂鉄銑の生産を開始した。

１９５９年（昭和34年）にフェロニッケル製錬を専業とする大平洋ニッケル設立に伴い、新発田工場を分離。１９７０年（昭和45年）に吸収合併して現社名に変更した。

元々は鉱石からステンレス鋼までの一貫生産を行っていたが、１９９９年（平成11年）にステンレス生産から撤退し、フェロニッケル専業メーカーとなった。同時に秋田県八戸市に本社と製造所を集約した。

フェロニッケル製造面では、予備還元用のロータリーキルンと世界最大級のエルケム式電気炉を保有し、同社独自に開発した製錬技術を持っている。

海外展開ではフィリピンにおけるニッケル鉱山の開発事業を展開している。インドネシア、フィリピンおよびニューカレドニアに対する技術支援の実績などがある。

Chapter6

鉄鋼業界の注目企業

1

共英製鋼
――鉄資源の循環を通じてサステナブルな未来を創る

鉄筋コンクリート用棒鋼
国内トップシェア

共英製鋼は大阪市に本社を置く東証一部上場の鉄鋼メーカー。1947年設立で、2017年に創業70周年を迎えた。資本金は185億1600万円（2020年3月31日現在）、売上高は2393億円（2020年3月期実績・連結）。現在は国内4工場（子会社の関東スチール含む）を拠点として異形棒鋼最大手および形鋼・平鋼メーカーとしての地位を堅持している。海外でもベトナム3拠点と米国1拠点及びカナダ1拠点で異形棒鋼、線材などを生産。電炉メーカーでは数少ないグローバル企業に成長した。現在の社員数は748名（2020年3月31日現在・単体、社外への出向者、嘱託社員、臨時社員は含まず）。

国内4工場で年165万トン、海外5拠点で170万トンの生産規模であり、ここ数年の投資拡大により、日本・ベトナム・北米の「世界3極体制」を確立し、国内・海外で年間330万トンの生産体制を構築した。今後はこの3極体制を盤石化し、収益力をより一層高めていくことが中長期の目標になってくる。海外展開を重視している共英製鋼は、ベトナムで20年を超える歴史を通じて「ビナ・キョウエイ」ブランドをマーケットに根づかせており、建築物の施主から「ビナ・キョウエイの鉄筋を使って欲しい」と指定されるほどのブランド力になっている。国内・海外においてブランディング戦略を手掛けている国内鉄鋼メーカーは珍しい。

鉄鋼事業——鉄スクラップに新たな命を吹き込む

鉄筋コンクリート用棒鋼

「タフコン」と総称される強くて扱いやすい
鉄筋コンクリート用棒鋼は同社の主力製品

ネジ節鉄筋・ネジ節鉄筋継手

鉄筋をつないでつくられるあらゆる
構造物に対応する高強度ネジ節鉄筋

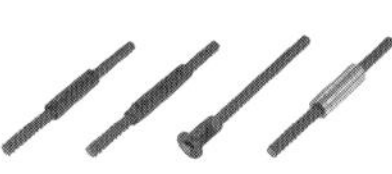

平鋼

各種産業機械・鉄骨構造物や自動車部品、
介護用ベッド等に至るまで幅広く使用されています

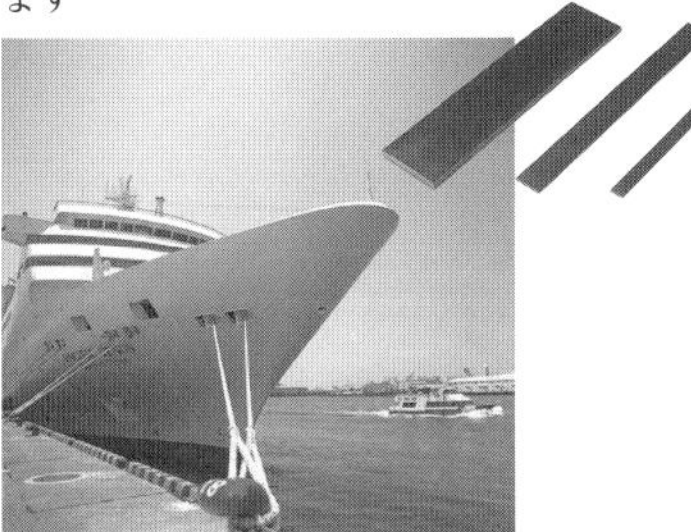

Ｉバー

住宅地などの溝ぶたとして最適なＩバー。
滑り止め加工された人にやさしい形状のＩバーも開発・製造

等辺山形鋼（アングル）

建造物の補強や受け枠、工場施設や機械類の部材と、幅広い用途に対応。
強度と抗張力に優れ、歪みがなく、加工性も抜群

構造用棒鋼

大型建機、ボルト、工具類の部材など多様なニーズに対応
用途や目的に合わせた高付加価値品も生産可能

環境リサイクル事業を手掛けるパイオニア

共英製鋼の事業部門は大きく分けて2つある。1つ目は「鉄鋼事業」。鉄スクラップを電気炉で溶かし、精錬、連続鋳造、圧延成形といった工程を経て製品を完成させる。鉄筋コンクリート用棒鋼（異形棒鋼）、ネジ節鉄筋、Iバー、構造用棒鋼、平鋼、等辺山形鋼（アングル）などさまざまな製品を製造しているが、主力品種は「鉄筋コンクリート用棒鋼」。同製品において国内シェア1位となっている。同社の鉄筋コンクリート用棒鋼は高層ビルやマンションのほか、原子力施設を津波から守る防波壁などの耐震補強としても採用されるなど、世の中に広く普及している。国内工場は枚方（大阪府枚方市）、山口（山口県山陽小野田市）、名古屋（愛知県海部郡飛島村）の3事業所と子会社の関東スチール（茨城県土浦市）の4拠点。中核となる山口事業所は、国内の普通鋼電炉工場で唯一、24時間稼働している。

2つ目は「環境リサイクル事業」。電気炉では、鉄を溶かす際に3000～7000℃の電気による熱（アーク熱）が発生する。この熱を有効活用して社会に貢献しようという発想からスタートしているのが環境リサイクル事業。超高温の熱によってさまざまな廃棄物の安全な無害溶融処理を行っており、この分野においてはパイオニアと呼べる企業だ。

たとえば感染性医療廃棄物や、電子部品、電池類、アスベスト、企業の製品開発に関する機密性の高い廃棄物などの処理を行う。また、処理困難な炭素繊維の処理を効率的に行うために新しい破砕機を山口事業所に導入したほか、バクテリアを利用した廃飲料水処理や、管理型最終処分場での産業廃棄物処理なども行う。電気炉を中心に据えて多種多様な廃棄物を安全で確実に処理するという総合リサイクル事業を展開しているのだ。

サステナブルな社会の実現の一翼を担う

日本の鉄鋼業界は、他の製造業に先駆けてリサイクルや省エネ、環境保全に取り組んできた。環境へ

■環境リサイクル事業――廃棄物を安全・確実に処理する

鉄鋼事業で培った電気炉での溶解技術をさまざまな産業廃棄物処理に活用します。難処理産業廃棄物、感染性医療廃棄物などを完全無害化溶解し、適切に処理します。

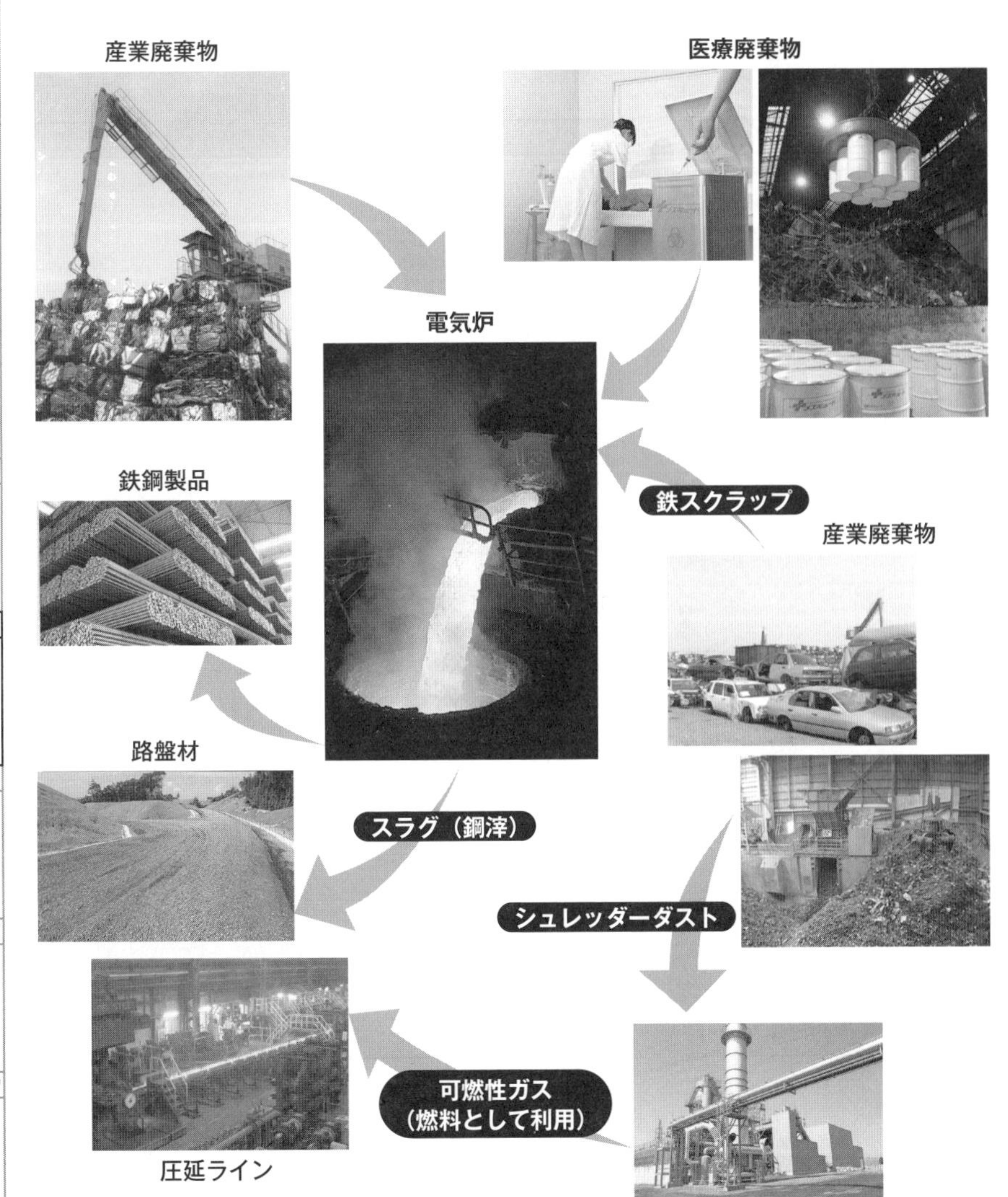

の取り組みが社会からいっそう求められる中、鉄スクラップを原料とする電炉メーカーの存在意義が一段と高まっている。共英製鋼でも、ESG推進室の設置などSDGsに向けた取り組みを強化しているところだ。

ビルやマンションなどの建物、橋や道路などのインフラ等、私たちの暮らしになくてはならないモノづくりに深く関わっているほか、社会の資源循環と環境保護にも多大な貢献をしている共英製鋼。日本を代表する電炉メーカーの1社として鉄鋼業界を支えつつ、サステナブルな社会の実現の一翼を担っているのだ。

海外事業展開に必要な「チャレンジ精神」

日本の鉄鋼業界を取り巻く状況は甘くない。しかし、世界全体で見るとアジア・アフリカの発展途上国を中心に鉄鋼需要は大きな伸びを見せており、今後さらに拡大が予想される。共英製鋼では、創業以来70年間に亘り培ってきた独自の高い技術力と製品開発力を活かし、すでにある海外法人を中核拠点とし、さらなる海外展開を加速させる方針。

以前より同社は、社員にチャレンジ精神を求めてきた。グローバルビジネスを拡大するうえで、今後ますますチャレンジ精神旺盛な人材が必要だ。「失敗」よりも「あきらめること」を許さないのが同社の社風。また、先輩や上司を含めた周囲の仲間とチームプレイで仕事を進めることができる。

社内に約250名在籍する総合職社員は、入社後の早い段階から自らの実力に見合った裁量と権限を与えられ、何らかの業務担当となって職場でリーダーシップを発揮できる。近年は女性の採用も積極的に行っており、今後の活躍が期待される。また海外業務に携わるチャンスも豊富であり、技術系・事務系を問わず、グローバル人材を目指せる企業だ。

長い歴史があり、社会からの信頼が厚い東証一部上場企業であるため、入社後の教育研修制度や能力開発支援、給与、待遇・福利厚生、休日休暇の仕組みが整う。コンプライアンス遵守の姿勢が徹底され、社員が長く安心して働ける環境となっている。

会社沿革

年	概要
1947年8月	共栄製鉄（資本金18万円）創立（昭和22年12月に伸鉄業に転換）
1948年9月	共英製鋼に社名変更（資本金300万円）
1967年3月	線材メーカーから小形棒鋼を主体とする条鋼メーカーに転換
1968年10月	海外での製鋼・圧延技術指導を目的に海外事業部を発足
1973年1月	北米でのミニミル事業参入と海外事業拡充を目的として、米国ニューヨーク州に異形棒鋼と形鋼を製造販売するオーバンスチール社を設立
1979年1月	オーバンスチール社の経営権を譲渡
1982年4月	住友金属工業と資本提携を結び、1億円に増資
1990年4月	同社、共英製鉄、山口共英工業、第一製鋼および和歌山共英製鋼の共英グループ5社合併
1991年10月	和歌山事業所の営業権をキョウエイ製鉄へ譲渡
1992年12月	北米での事業拡大を目的として、米国フロリダ州にあるフロリダ・スチール社（後にアメリスチール社と改称）の経営権を取得
1994年1月	ベトナムでの棒鋼・線材の製造拠点として、ビナ・キョウエイ・スチール社を設立
1994年3月	関東スチールを設立
1999年9月	アメリスチール社の経営権を譲渡
2002年3月	中山鋼業に出資して合同製鉄と並列で筆頭株主となる
2004年2月	山口県山陽小野田市に産業廃棄物処理事業の拡大を目的として共英リサイクルを設立
2006年12月	東証一部・大証一部に上場
2012年3月	ベトナムにキョウエイ・スチール・ベトナム社を設立し、鉄鋼事業を開始
2015年7月	ビナ・キョウエイ・スチール社に製鋼工場・第二圧延工場を増設
2016年12月	米国テキサス州にあるBD Vinton LLCの全持分を取得し、連結子会社化（ビントン・スチール社と改称）
2018年1月	ベトナム・バリアブンタウ省のチー・バイ・インターナショナル・ポート社の港湾設備が完成し、操業を開始
2018年2月	産業機材及び配管の製造・販売を行う（株）吉年を事業譲受により子会社化
2018年5月	ベトナム・イタリー・スチール社の株式の45%を追加取得し、連結子会社化
2020年3月	カナダ国・アルバータ州にあるAlta Steel Inc.の全株式を取得し、連結子会社化

事業所一覧

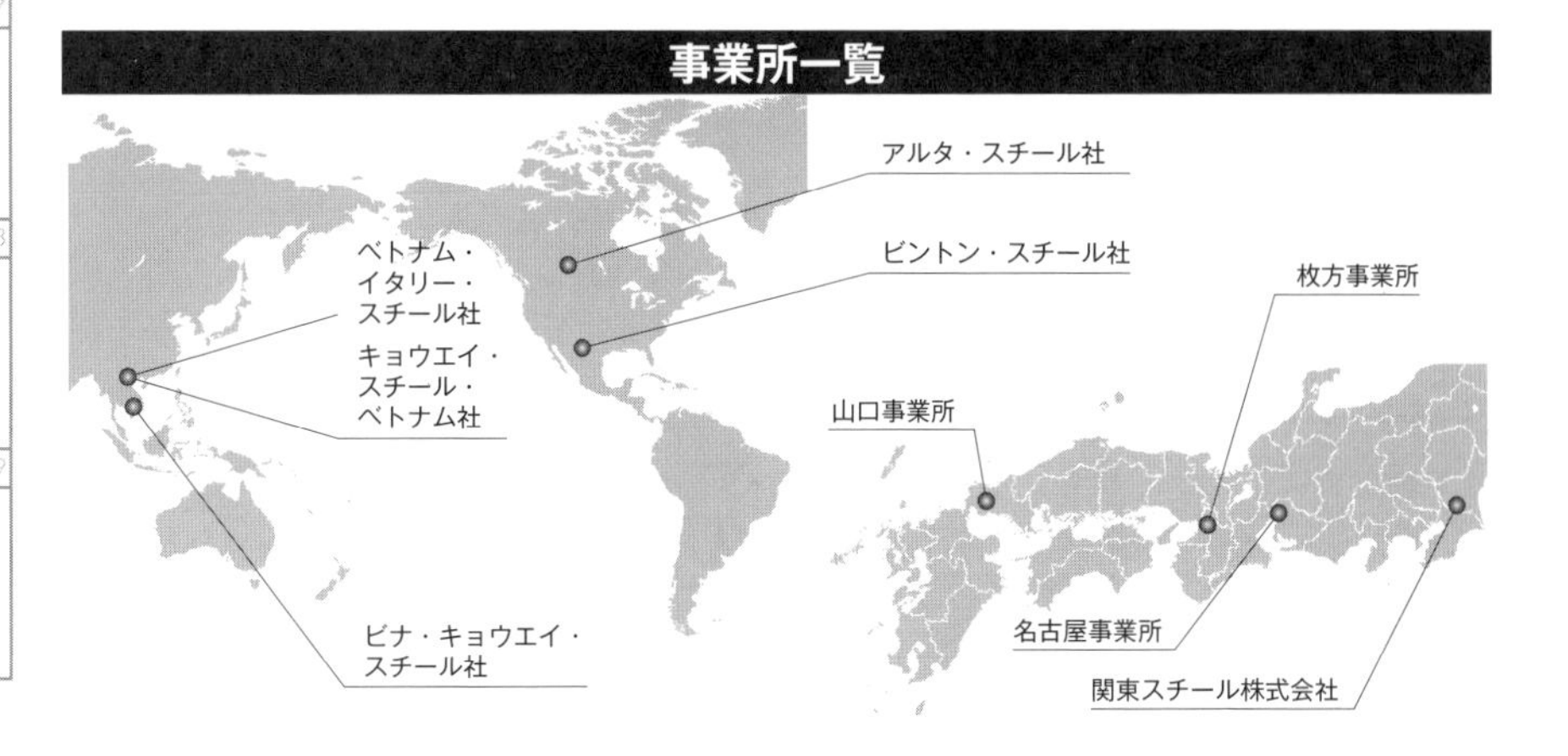

2

合同製鉄
——先進技術が育む多彩な先進的製品群

電炉業界のリーディングカンパニー

合同製鉄は、原料の鉄スクラップを電気炉で溶かして、鋼材を生産する電気炉メーカーである。創業以来80年におよぶ歴史の中で培われてきた技術力をベースに、社会インフラを支える鉄鋼製品を幅広く提供している。

業界トップクラスのシェアを誇る軟鋼線材は、釘やネジ、身近なところでは自動車のシートフレームなどにも使われている。土木建築分野での主要工法となる鉄筋コンクリート構造を支える鉄筋用棒鋼は、大規模商業施設やマンション、さらには高速道路や橋梁などに使用されている。またH形鋼は鉄骨構造物の代表的な資材であり、構造用棒鋼は、産業機械や建設機械などの主要部材となる。

単一製品のみしか扱わない電気炉メーカーが多い中、同社が多彩な製品群を揃えられる理由は、複数の生産拠点を持つことに加えて、各拠点で培われてきた高度な生産技術力にある。生産拠点は国内6カ所。線材や形鋼を生産する大阪製造所、高級な特殊鋼の製造設備も備える姫路製造所、そして鉄筋用棒鋼の生産を船橋製造所と子会社の朝日工業、三星金属工業、およびトーカイが担っている。生産技術や商品力強化の取り組みは、拠点間で共有され、グループ全体の技術力向上を支えてきた。

日本国内では唯一ともいえる自給可能な国産資源の鉄スクラップを、CO_2排出量の少ない電気炉による製造方法で再生し、社会資本の形成に役立てる同社は「人と技術と自然環境の調和」を目指す。

複数工場が生み出すシナジー効果

合同製鉄の強みは、出自の異なる生産拠点を複数抱える点にある。その結果、高炉メーカーが生産することの多い形鋼や線材、特殊鋼専業メーカーが扱う構造用棒鋼（特殊鋼）など、普通鋼電炉メーカーではカバーすることが少ない製品を含めた豊富な製品バリエーションを持つ。さらに企業グループ内に線材二次加工メーカー、耐火物メーカー、ダスト処理会社までを揃え、きめ細やかなニーズへの対応と環境への取り組みが顧客から評価されている。

鉄鋼製品の市況は、需要の変化に大きく左右されがちだが、複数拠点がそれぞれ都市インフラ、土木建築、機械用部材と分野の異なる製品群を扱う同社では、グループ全体として需要の波を平準化できるため経営の安定度は高い。複数拠点によるシナジー効果は他にもある。グループ一括での資材調達はボリュームディスカウントによるコスト削減につながり、各拠点間で、操業体制に関する技術交流や生産設備と安全・防災システムなどの情報共有を進めてノウハウの蓄積を図り、グループ全体での競争力向上につなげている。

高付加価値化により差別化を徹底

日本では少子高齢化が加速しているとはいえ、インフラ整備に対するニーズまでもが人口減に比例して減少することはない。さらに今後は、高度経済成長時代に構築されたインフラが、相次いで更新時期を迎え始める。今後も鉄鋼資材に対する需要は引き続き底堅いと予想される中、同社は各事業ごとに中長期の成長戦略を策定している。

主力の線材事業は、線材二次加工メーカーとの連携拡大と、電炉メーカーとしては初の取り組みとなる高張力線材の商品化を実現する等、高付加価値分野への拡販に取り組んでいる。形鋼事業は、主力商品が小型サイズだが、小回りの利くデリバリーサポートによるサービス向上に加えて、新たな需要分野を開拓する新商品の早期戦力化を目指す。構造用

③身近な暮らしを支える：構造用棒鋼、レール

構造用棒鋼はシャフト、ギアなどに加工され、建設機械、産業機械などの部品素材として活用されています。遊園地のジェットコースターの小型レールなども手掛けています。

構造用棒鋼を加工したギア

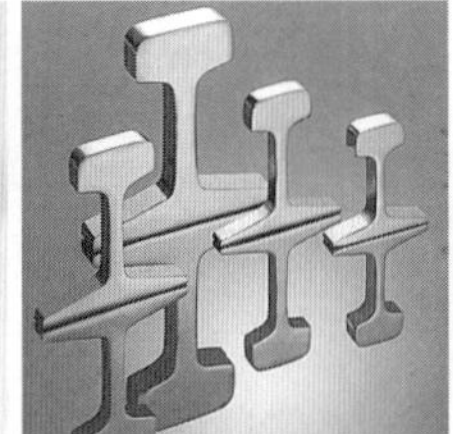

レール

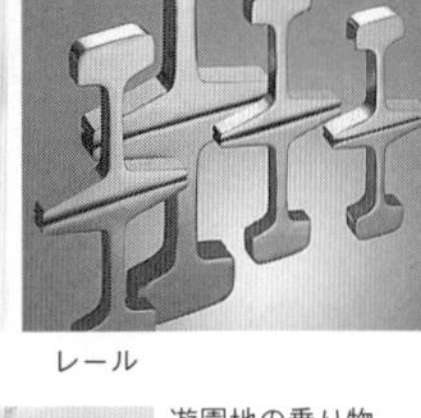

遊園地の乗り物などに使われるレール

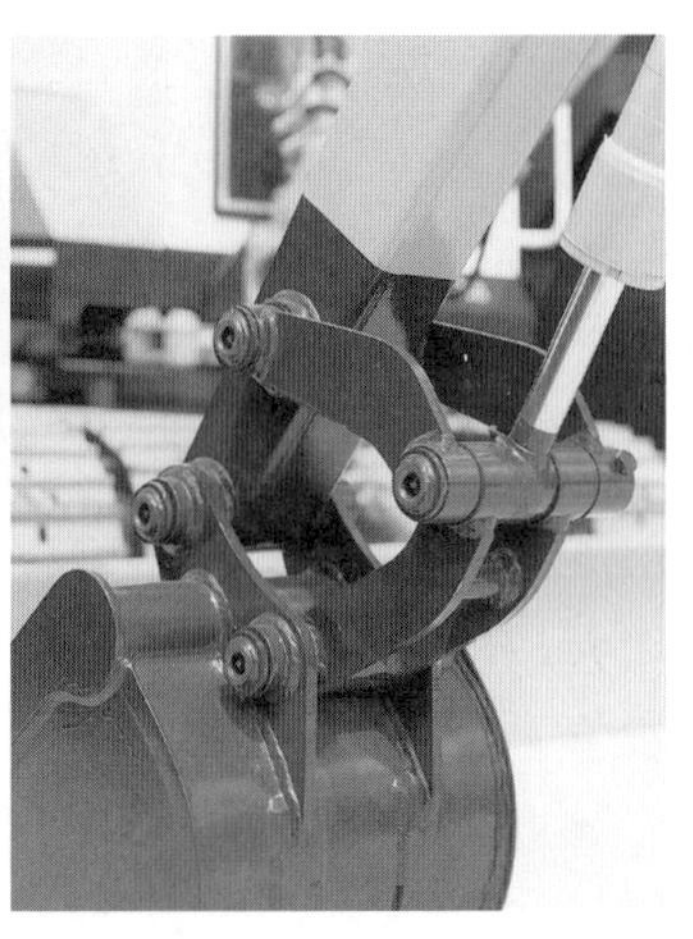

建設・産業機械などの素材になる

④ビッグプロジェクトを支える：鉄筋棒鋼、機械式鉄筋継手

マンションなどの建築や、高速道路をはじめとする土木工事の基礎資材。また、建築物の高層化・大型化に対応した、天候に左右されず工事期間を短縮できる機械式継手や定着板の製造にも注力しています。

鉄筋棒鋼

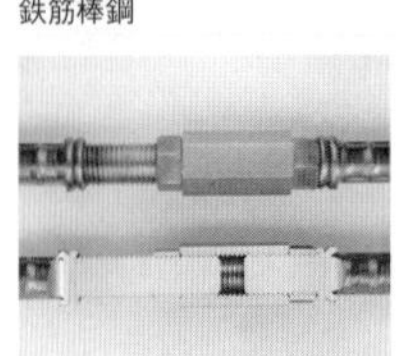

機械式継手

土木や建築工事で活用される

電気炉で多品種を製造する合同製鉄の製品ラインアップ

①ネジ、釘など、日常生活や身近な暮らしを支える：線材

合同製鉄は普通線材のトップクラスのメーカー。この素材は二次加工メーカーを経て、針金や釘、フェンスなど身近な最終製品となります。

普通線材

公園などのフェンス

さまざまな最終製品になる

②建築などの基礎資材として社会のインフラを支える：形鋼

H形鋼、溝形鋼は、鉄骨住宅など建築分野を主体に使用され、合同製鉄では小型サイズを製造。きめ細かいデリバリーやサービスで顧客満足度の向上を図っています。

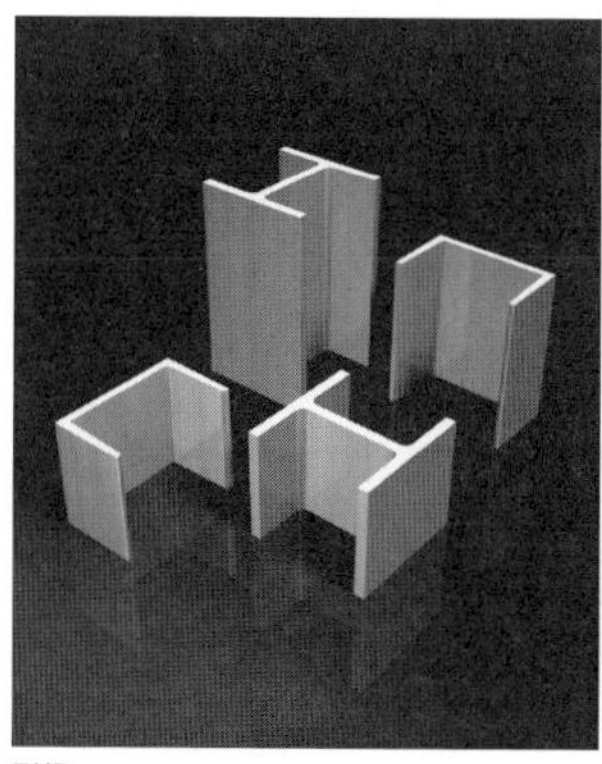

形鋼

主に建築分野で使われる

棒鋼事業では、サプライ・チェーン・マネジメントの強化により、高付加価値化へと転換するのが課題である。鉄筋用棒鋼については、高付加価値製品のメニュー拡充、設計をサポートするなどの技術営業の強化によるシェア拡大を目指している。ほかにも建設分野での生産性向上に役立つ鉄筋の機械式継手や高強度鋼の開発に加えて、顧客の加工性改善や生産工程の短縮化につながるソリューション提案など、常に新たな技術開発に取り組んでいる。

社員が働きやすい環境を整備

鉄鋼業界は、日本の製造業の中でもいち早くワーク・ライフ・バランスの実現に取り組んできた。同社も労働組合との協調に基づきさまざまな取り組みを実施しており、中でも現場作業の自動化や省力化はすでに高いレベルに達している。

また、学生数が減少する中、優秀な人材を安定的に確保するために、女性の採用強化にも積極的に取り組んでいる。「女性対象の会社説明会」を実施するなど先輩女性社員が業界の魅力や労働環境に関する情報を提供する一方で、育児・介護休業制度や時差勤務制度など女性が働きやすい職場環境整備にも力を入れており、総合職に加えて、現業職でも女性採用が定着するなどの成果が出ている。

同社で求められるのは、自ら考え、能動的に行動できる人物、成長意欲とチャレンジ精神を持った人物である。環境の変化に即応し、課題解決に果敢に挑むような人材育成が同社の基本方針となっている。

事務系総合職は大阪、姫路、船橋の3拠点を活用したジョブローテーションによるキャリアアップを図っており、技術系は、早期から責任者として製造工程を任せるケースも多く、自発的に行動する社員にとってはやりがいのある職場だ。また、鉄鋼協会による鉄鋼工学セミナー受講のほか、海外国際会議への出席と個人発表なども行われている。

一方、現場力向上に向け、現業職対象の研修制度の充実を図っており、階層別研修の新入社員研修では、同期形成も含め、入社後1年間に3回の集合研修を行い、社会人や鉄鋼業界の基礎を学んでいく。

会社沿革

年	概要
1937年	前身となる大阪製鋼設立
1960年	第１高炉を新設し銑鋼一貫体制となる
1969年	第２高炉を新設
1977年	大谷重工を合併し、合同製鉄に社名変更
1978年	日本砂鉄鋼業および江東製鋼を合併。大阪、姫路、尼崎、東京の４製造所体制となる
1980年	尼崎製造所を閉鎖
1982年	大阪製造所 線材圧延設備を更新
1984年	東京製造所を閉鎖するとともに、大阪製造所に70トン電気炉を新設
1991年	船橋製鋼を合併。大阪、姫路、船橋の３製造所体制となる
1994年	大阪製造所 第２高炉を休止
1999年	姫路製造所 連続鋳造機を更新
2007年	船橋製造所 圧延設備を更新
2007年	三星金属工業を子会社化
2016年	トーカイを子会社化
2019年	朝日工業を子会社化
2019年	朝日工業と共同販売会社　関東デーバースチールを設立

事業所・関連会社一覧

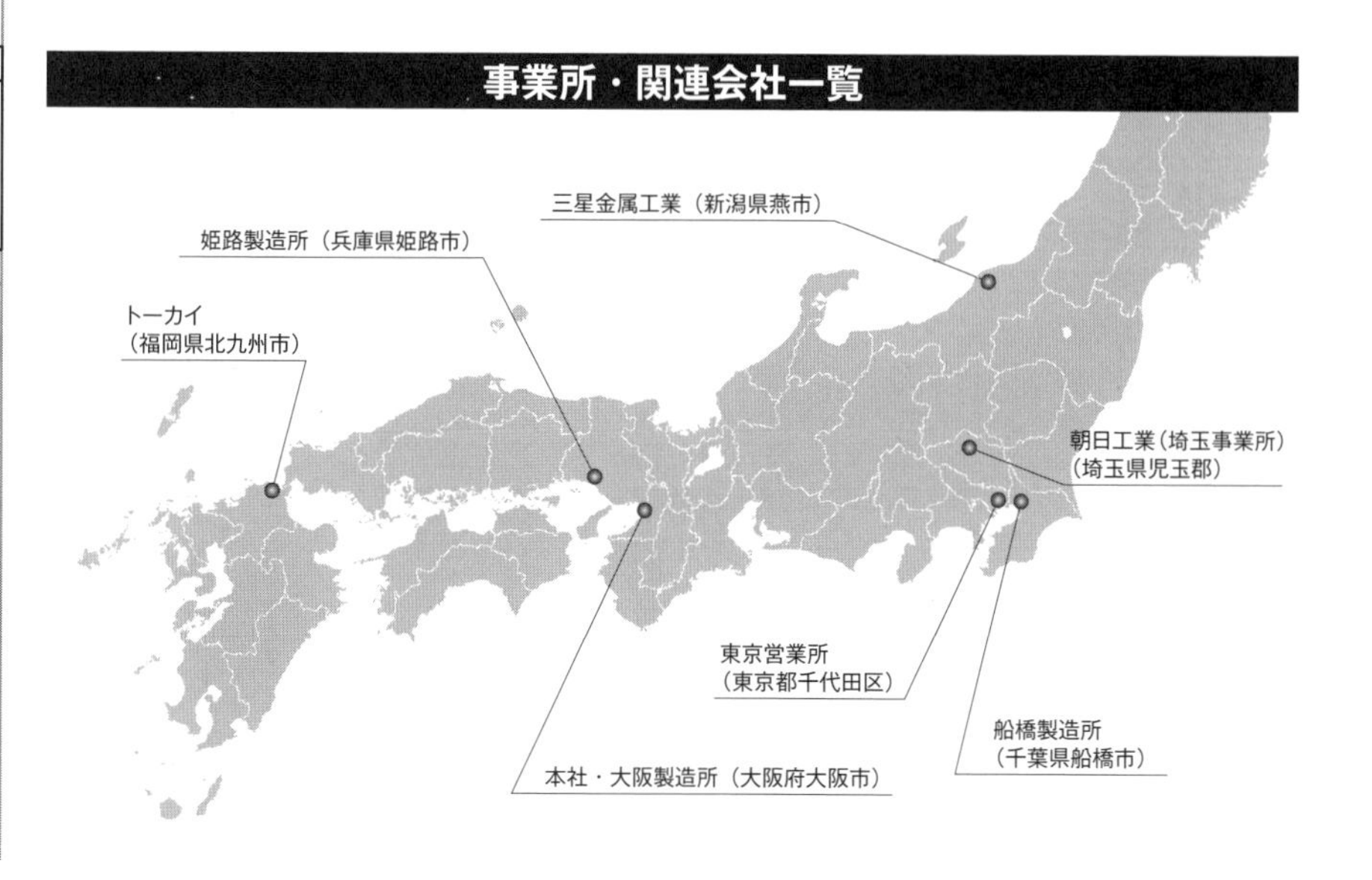

3 日本金属
――ステンレス精密圧延のリーディングカンパニー

自動車用光モール製品で国内トップシェア

日本金属は、東京都港区に本社を置く東証一部上場の鉄鋼メーカー。東京都板橋区（板橋工場）と岐阜県可児市（岐阜工場）、福島県白河市（福島工場）に製造拠点、本社（東京都港区）と大阪市（大阪支店）、名古屋市（名古屋支店）に営業拠点を置く。国内連結子会社が4社あり、上海・タイ・マレーシアに現地法人を持つ。昭和5年（1930年）に創業した歴史の長い企業だ。2030年の創業100周年に向けて、さらなる事業拡大を進めている。

同社はステンレスの精密圧延（薄く伸ばすこと）を主軸とするメーカーだ。事業部門は大きく分けて2つある。冷間圧延ステンレス鋼帯やみがき特殊帯鋼などを製造する「鋼帯事業」と、精密管や異形鋼、型鋼などを製造する「加工品事業」だ。

さまざまな種類の製品を提供しているが、現在の主力製品は、「自動車用光モール向け製品」だ。同社の光モールは非常に厳格な表面品質で高く評価されていて、主に高級車の外装材として窓枠などで採用されている。近年特に海外マーケットで高級車の需要が急速に高まっているため、さらなる販売拡大に取り組んでいる。同製品は、国内・海外ともに非常に高いシェアを誇り、会社全体の売上の約4分の1を占める。

生活に欠かせない製品の数々、私たちの身近にも

日本金属の売上構成を事業別に見ていくと、鋼帯

事業が80%で、加工品事業が20%となっている。また、製品の向け先（提供先）別売上比率を見ると、自動車が55%、電気機械・器具が20%、建築用材が7%、その他が18%だ（いずれも同社調べ）。このデータからもわかるとおり、現在は日本の基幹産業である自動車分野を中心に、成長市場であるＩＴ分野などさまざまな分野に素材を提供している企業だ。

ステンレス精密圧延メーカーと聞いても、一般の人にはあまり馴染みがないかもしれない。しかし日本金属の製品は、実は私たちの暮らしに欠かせないものと言える。たとえば同社が製造する「冷間圧延ステンレス鋼帯」は、自動車部品やパソコン、スマートフォンなどの精密機器部品、家電部品など数々の身近な製品に用いられている。また「ステンレス加工製品」も、建材や防災用品をはじめ、日常生活の中で見られるものが多い。

「象の道」を歩まない経営方針

日本金属は「『象の歩む道』には踏み込まず」を経営方針に掲げる。同業他社がすでに手がけている分野に入り込み、いたずらに価格競争をしたりしない。他社があえて避けている、または目をつけていない分野に着目し、決して模倣できない独自技術を確立する。

全量（１００%）受注生産の体制を採り、あらゆるニーズに応えていくという姿勢を堅持。それぞれの顧客の要望に応えるため、営業や技術サービス（営業開発）の担当者が丁寧なヒアリングをかけるなど、他社を超えるきめ細かな対応やサービスを提供している。このような顧客の要望を実現する取り組みを長年継続してきた結果、同社の取扱品種は常時数千種類を超える多品種小ロット型となっており、多種多様な顧客ニーズに即応できる体制を実現している。

今後の成長戦略として、２０２０年度を初年度とする10ヵ年の経営計画「NIPPON KINZOKU 2030」を策定、『人と地球にやさしい新たな価値を共創するMulti & Hybrid Material 企業』をビジョンに掲げ、日本金属の原点である圧延技術と加工技術を極

②ファインパイプ（精密管）・精密異形鋼・型鋼（岐阜工場・福島工場）

独自の加工技術でお客様が求める製品を高品質で実現し、自動検査技術によって全数・全長保証体制を確立しています。

③マグネシウム合金帯

軽い、強い、振動吸収性に優れるなどの特長を活かし、さまざまな製品で採用されています。

④極薄電磁鋼帯

主に再生可能エネルギー電力市場、高周波インバーター市場向けに、低損失・小型化を実現する極薄電磁鋼帯を提供しています。

極薄電磁鋼帯のイメージ図

板厚を薄くすることで、渦電流を抑え、損失が小さくできます。

渦電流による熱損失
低損失
薄肉化
渦電流大
渦電流小
磁束
電流
極薄電磁鋼帯 t0.04～0.15mm
板厚の厚い電磁鋼帯 t0.2mm～

日本金属の技術と素材

①冷間圧延ステンレス鋼帯・みがき特殊帯鋼（板橋工場）

長年のノウハウが蓄積した高い技術力と最新の品質保証体制の構築によって、他社が追随することができない高付加価値製品を世の中に絶えず提供しています。

冷間圧延ステンレス鋼帯

自動車用光モール

ハードディスク部品

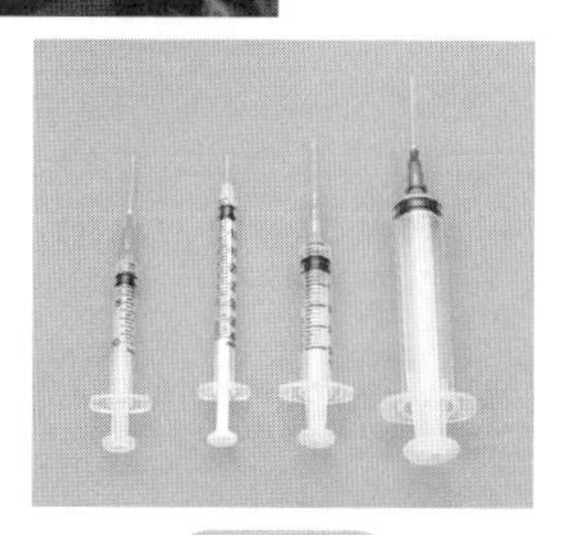

注射針

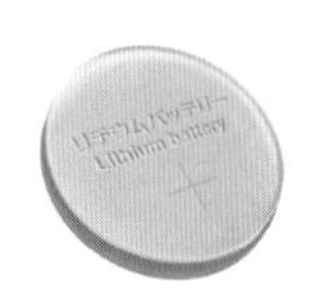

リチウムコイン電池

みがき特殊帯鋼

自動車のベアリング

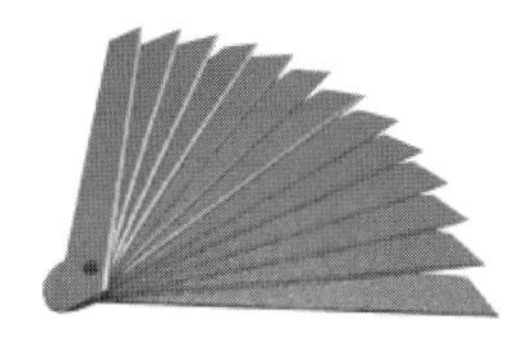

刃物（カッター刃）

め、圧倒的な差別化を実現する商品を開発し、事業化を進めるとともに、すべてのお客様、取引先、並びに日本金属グループ会社とのリレーションシップを深化させていくことで、さらなる成長を目指す。

充実した教育研修制度と女性活躍支援が特徴

事業成長を実現するためには、人材育成と従業員の活躍支援が重要な課題となる。日本金属では、先に述べた経営計画の基本方針の1つとして「活力ある職場づくりと人材強化」を掲げ、人財の量的・質的充実を目指すとしている。具体的には、新たな価値の創造を担う人員を確保して教育を行い、技術の伝承を促していく。若手社員から中堅社員、管理職まで、全従業員を対象とした能力開発カリキュラムが体系的に整備されており、社内の役職に応じた「階層別教育」から、個別にテーマを設定した「目的・課題別教育」、営業や技術などの各部門に合わせた「職場別教育」、個人の資格取得やeラーニングなどを支援する「自己啓発」までさまざまなものがある。技術者の能力向上を実現するための「技術力強化プログラム」や、経営幹部と一般・中堅社員が直接話しながら意見交換を行う「対話会議」、海外事業で活躍するためのコミュニケーション力を高める「オンライン英会話レッスン」、従業員の主体的なキャリア形成を支援する「セルフキャリアドック」など、バラエティに富んでいる。また、「働き方改革」については、関連法案の改正対応といった観点のみならず、在宅勤務制度の導入による多様な働き方への対応など、従業員の安全と健康の確保や労働生産性の向上に向け柔軟に働くことができる仕組みづくりに取り組んでいる。

約90年の歴史を持つ東証一部上場企業であるが、従業員数は約600名と決して大規模な組織ではない。20代から裁量と権限を与えられ、特定の専門領域に限らず、さまざまな領域の仕事で幅広く活躍できることが特徴だ。女性従業員は72名。そのうち総合職が13名で、退職者は出ていない（2020年10月時点）。女性従業員比率の向上と女性の活躍支援にも力を注いでいる。

会社沿革

年	概要
1930年11月	創業（東京伸鉄所）
1939年12月	設立（日本特殊鋼材工業株式会社）
1940年6月	板橋工場竣工
1945年10月	商号を日本金属産業株式会社と変更
1953年5月	大阪営業所（現大阪支店）を開設
1953年11月	本邦における輸入第１号センジミア冷間圧延機の運転を開始
1954年2月	商号を日本金属株式会社と変更
1954年10月	センジミア冷間圧延機を中心としたステンレス鋼帯の量産に着手
1956年6月	名古屋営業所を開設
1959年7月	加工品部を新設
1960年11月	技術研究所を開設
1983年1月	岐阜工場竣工
1990年11月	福島工場竣工
1995年12月	日本金属タイランド（ビッグランド）を開設
2002年4月	マグネシウム合金帯の本格受注生産開始
2006年7月	日本金属タイランド（ロジャナ）を開設
2006年12月	上海事務所を開設（現日旌鋼鉄貿易（上海））を開設
2013年7月	日本金属マレーシアを開設

事業所・関連会社一覧

Chapter7

鉄鋼業界の仕事人たち

1

海外石炭の購買業務
――購買ソースの選択肢増やし、鉄鋼生産を支える

日本製鉄株式会社
原料第一部・燃料第二室
林剛志さん

責任の大きい仕事に共感し、最大手鉄鋼メーカーを志望

「実は大学時代の3年間は弁護士になるための勉強をしていました。4年になって、そのままいけば司法試験を受けるか法科大学院に進むところでしたが、自分のやりたいことを見つめ直して、メーカーなどを広く見ながら就職活動をした結果、今の会社に入りたいと強く思いました」

日本製鉄の原料第一部・燃料第二室で働く林剛志さんは、慶應義塾大学法学部時代の生活を振り返ってそう話す。

では、なぜ当時の日本製鉄に就職を決めたのか？それについては「ひと言で言えば、お会いした社員の方に強く惹かれるものがあったからです」としたうえで、「何人かの大学OBにお会いしましたが、皆さん責任感が強く、大きな責任を十分に果たすことを重要だと考えて仕事をしている人が多いと感じました。業界トップの会社が置かれた立場から来るものもあるでしょうが、逃げられない環境に自分の

身を置いて、魅力を感じたOBの方たちのように自分も成長したいと考えました」

実際に入社して約10年勤務した感想を聞いてみると「これまで3つの部署を経験し、仕事の幅が広がっていくことに充実感を覚えています」と語り「就職活動のときに考えていた『責任の重い仕事』に携わることができています。周囲の人もサポートしてくれるので働きやすく、やりがいを感じて毎日を過ごしています」と力を込める。

機動力も求められる石炭輸入。調達ソース多様化

鋼材を生産するためには主原料として鉄鉱石と石炭が必要だが、そのうちの石炭を海外から買い付けて、製鉄所に送り届ける購買業務が今の仕事だ。

鉄鉱石や石炭には、銘柄と呼ばれる種類の違いがある。同社には高炉設備を持つ製鉄所が君津、鹿島、名古屋、和歌山、八幡、大分、室蘭と7カ所ある。それぞれの製鉄所が必要とする石炭を、適切なタイミングで適切な数量だけ届けることは、鉄鋼メーカーとして安定生産を続けるベースの部分と言える。

日本製鉄の石炭の購買先は、豪州（オーストラリア）やカナダが数量的には多くを占めるが、林さんが担当しているのは米国、中国、ロシア、ベトナムなど。「豪州やカナダと違って、私の担当は国内の政策によって石炭輸出の方針が劇的に変わってしまうような国が多く、そこに難しさがあるんです」と言う。

中国、ロシア、ベトナムなどは比較的、近距離に位置しているため輸入にかかわる輸送期間が相対的に短くてすむ。「メインソースの豪州やカナダなどからの供給が途絶えたときに、緊急的に近距離ソースのサプライヤー（炭鉱会社）から調達したりすることがあります。メインソースを補完するのが私の担当している地域の役割の1つなんです。機動力が求められる局面が、しばしば訪れます」

自然条件が相手。臨機応変に対応

最近、石炭のメインソースであるオーストラリア

ではサイクロンと呼ばれる豪雨が頻繁に起きるようになっている。昔は10年に2回ぐらいの頻度だったが、最近は大小合わせると毎年のように豪雨がある。世界的な異常気象のせいだろうか……。

特に2017年は洪水被害で石炭を輸送する線路が損壊し、鉄道が止まって出荷停止となる事態が起きている。

製鉄所には通常1カ月分程度の石炭在庫はあるが、それがなくなれば高炉の操業が止まってしまう恐れもある。実際、過去にはオーストラリアやカナダで落盤事故や雪崩などアクシデントが続発し、海外の石炭が届かなくなって高炉操業が止まりかけたこともなくはないのだ。

自然条件を相手にしているため、こちらがコントロールできないことも多い。そういうときこそ、米国、ロシア、中国、ベトナムなど補完ソースからの機動的な調達が威力を発揮する場面だ。

「炭鉱側の生産状況についてサプライヤーと情報交換しています。常に計画を見直しながら、環境変化に応じて臨機応変に対応することが大事な仕事です」と言うが、調達先の選択肢を多く持つこと、つまり多様化することが、総合的な購買力の向上につながっていくと言えるだろう。

難しさと面白さの両面。そこに仕事のやりがいがある

実際、林さんが2015年の11月から今の部署で仕事をして以来、担当地域の中から石炭の新規サプライヤーの開拓案件が出てきている。

そこに至るプロセスは決して平坦なものではなく、チャレンジの連続だったようだが「情報を集め、自分で判断して、これまで取引がなかったサプライヤーとの取引や、購買が中断していたサプライヤーとの取引が復活したことは、やりがいや達成感が大いに感じられる面白い仕事」であるのは間違いない。

海外から石炭を買い付けて輸入するという仕事の難しさと面白さの両面を感じながら日々の仕事にまい進している。

世界各地の人と仕事。視野広がり充実感も

もともとは海外志向が強くて今の会社に入ったわけではないというが、原料購買という仕事柄、海外への出張機会は少なくない。

「国際会議に出席して資源会社の人たちと交流することもあります。また、担当しているサプライヤーが洪水などで供給停止した場合、その復旧状況を視察するために現地出張に出かける機会もあります」と話すが、自分の知らない世界に触れることは貴重な経験だ。「仕事で関係する相手が日本だけでなく世界各地の人々。これは非常にダイナミックです。視野が広がり、学ぶことも多い」と言う。

今は石炭購買の仕事だが、2007年4月に入社して最初に配属されたのは東京本社の原料第二部・鉱石第一室。石炭と並ぶ主原料の鉄鉱石の購買計画を立てる仕事に携わった。

主原料である鉄鉱石と、還元剤の役割を担う石炭。主要な鉄鋼原料の購買に携わり、入社11年目となった今は社内の役職も「主査」となり、管理職としての自覚も加わってきた。

製鉄所勤務も経験。高炉設備の集約に直面

これまでに経験したもう1つの部署は、千葉県にある君津製鉄所での人事の仕事。2011年から現在の仕事に移るまで、労働購買部の労政人事室という組織に所属した。

鉄鋼メーカーでは、製鉄所に勤務するのは技術系つまり理系出身の社員が圧倒的に多いが、製鉄所での人事や経理の仕事、製品の工程管理の仕事、資材の調達や購買の仕事など、いわゆる事務系社員の仕事も数多い。日本製鉄の場合も、事務系社員の育成を考慮した人事ローテーションの一貫として、数十年間の会社生活の中で、回数は人によって異なるが、製鉄所に何回か勤務するケースが多い。

林さんが君津に勤務していた当時は、ちょうど君津が高炉設備を3基から2基へと集約するタイミングにあった。2012年に新日本製鉄と住友金属工

Chap.1 最新動向
Chap.2 海外事情
Chap.3 鉄鋼製品
Chap.4 流通販売
Chap.5 主要企業
Chap.6 注目企業
Chap.7 仕事人
Chap.8 採用動向
Chap.9 歴史

業が経営統合して新日鉄住金となったが、経営統合を受けて2社が持つ設備の有効活用と最適配置を考慮した結果、君津の高炉を2基体制とすることが決まった。

「かなり大きな構造変化の時期でした。設備構造の変化に伴って人事計画を立てて進めるのが私の部署の仕事でしたが、製鉄所の現場で働く多くの社員をいかにサポートできるかを心掛けていました」と振り返る。

今後の会社生活を考えたときに何にチャレンジしていくか？　夢は大きく広がるが、林さんは「原料購買の仕事の中にも、私の知らない世界がまだまだたくさんあります。仕事の幅を広げて、成長を重ねていきたい」と考えている。

加えて「人事の仕事をしたからかもしれませんが、社内には原料以外にも多くの仕事があります。私が現在所属する部署の諸先輩方は、管理部門など原料購買以外のさまざまな仕事を経験して幅広い知識や視点を持っています。私もいろいろな仕事に貪欲に挑戦していきたい」と意欲的だ。

実は林さんは2014年に社内結婚しており、夫人は本社内の別の部署で勤務している。子どもがまだいないので、休みの日は二人でのんびり過ごすことが多いというが、「業界のことや社内のことをお互いによくわかっているので、仕事の話になることも多いんです」と笑う。

※肩書は2018年2月の取材当時

【林さんのある1日の仕事】

09:00	出社／メールチェック／上司との打ち合わせ
10:00	商社との打ち合わせ
11:00	部内のミーティング
12:00	社内の食堂で昼食
13:00	メールチェック
13:30	商社との打ち合わせ
15:00	海外サプライヤーと打ち合わせ
16:30	企画立案、課題の整理
18:00	退社

【プロフィール】

林剛志（はやし・たけし）

1983年6月生まれ. 2007年3月、慶応義塾大学法学部法律学科卒業。同年4月に新日本製鉄（現日本製鉄）入社。原料第二部、君津製鉄所勤務を経て2015年11月から現職。家族は社内結婚した夫人。東京都出身。

2

自動車鋼板の輸出業務
――グローバル企業に身を置きたい

JFEスチール株式会社
自動車鋼材営業部・自動車鋼材輸出室主任部員（課長）
田島匡さん

中国に5年半駐在、事業会社の営業課長経験

「元々、海外で働いてみたいという気持ちがありました。グローバル化が進展する企業の中に身を置きたいと思い、今の会社に就職を決めました」

JFEスチールの自動車鋼材営業部で自動車用鋼材の輸出業務に携わる田島さんは、自らの就職活動を振り返って、そう語る。

念願かなって2011年10月から2017年の3月までの5年半、中国に駐在。北京で1年間の語学研修期間を過ごした後、広東省の広州市にある事業会社のGJSS（広州JFE鋼板有限公司）に出向し、営業課長として現地に進出する日系自動車メーカー向けの営業の仕事に没頭した。

入社直後は製鉄所勤務。鉄づくりの基礎を学ぶ

田島さんは2001年4月に当時のNKK（現JFEスチール）に入社。福山製鉄所（現西日本製鉄

所福山地区）で薄板工程部に4年半ほど所属した。営業部門が受注した販売数量を元に、お客様へのデリバリー（納入）スケジュールを考えながらライン（設備）の稼働計画を立てる仕事に携わった。

「製鉄所の現場で、鉄づくりの基礎やフローを肌で感じながら学んだ時期でした」と振り返り、年配のベテラン社員・先輩社員から昔話を含めて経験談を直接聞き、教えを乞うたことが役立っていると話す。

巨大な製鉄所の中には、いくつもの工場があり、さまざまな立場の人がそれぞれの思いで各職場に就いている。「相手の人が何を守ろうとしているのか。自分は何をやり遂げないといけないのか。その両立を図ることを心掛けていたが、それは今の営業の仕事にも通じます」と強調する。

自動車メーカー、商社は大事なお客様

製鉄所での勤務を終え、東京本社への異動となった田島さん。異動先は現在、海外駐在から戻って所属している自動車鋼材営業部への配属となり、自動車鋼板の輸出業務のイロハを1つずつ学んでいった。

それ以降、中国駐在時代も含めて自動車向け営業の仕事が長くなっているが「若いときに培った人間関係が、その後の仕事で活きることも少なくない。自動車メーカー、そして鉄鋼メーカーと自動車メーカーの間に入る商社。そうした取引先の方々を大事なお客様だと強く意識し、つながりを大事にしていけば、後々大きな財産になる」。田島さんはそう信じて日々を過ごしてきたが、そうした想いは同じ部署にいる後輩社員達にも受け継がれているようだ。

中国で赴任したＧＪＳＳ社は、ＪＦＥスチールと中国鉄鋼大手である宝武鋼鉄グループとの合弁企業。中国では日系自動車メーカーを含めて自動車の生産台数が右肩上がりで増えており、日系自動車メーカー向けから鋼板の注文をとることや価格交渉などが主な業務だった。

海外駐在を通じ、自己表現力が上がった

海外赴任前は上司から「君は控えめなところがあ

るから、海外では自分の意見をきちんと主張できるようになってこい」と自己表現力を磨くように言われて送り出された。

中国人との間では日本人同士のような阿吽（あうん）の呼吸は通じない。北京で1年間、語学学校に通って中国語を学んだが、それまで中国語に触れた経験は皆無だった。初めは筆談から始めたほどで、北京の道で話しかけた中国人に話が通じたときは嬉しかったと今でも思い出す。

文化や習慣の違いもあり、異国の地で試練と言える場面にも遭遇した。「自分の意見を主張して相手に伝え、相手の言葉の真意がどこにあるかを考える。中国での駐在期間を通じ、そうしたことが徹底的に鍛えられたように思う」

加えて、モノを買ってもらうとはどういうことなのかという原理原則を考えさせられる機会も多く、貴重な経験を積むことができたという。ひと回りも、ふた回りも大きくなったところで、日本への帰国辞令が出た。

現場に出向き、自分の耳で聞く

今再び、東京本社で自動車鋼板を自動車メーカー向けに営業する仕事に取り組んでいる。日々の受注活動、販売価格の交渉、提案営業などで忙しい時間を過ごしている。

自動車メーカーの事務所や工場に出向く機会も多い。海外出張も月2回程度こなし、主に東南アジア、中国に足を運ぶ。「現場の声を聞きながら、自分の耳でお客様のニーズを汲み取り、正直・誠実に向き合っていくのが営業の仕事の要諦」と考えている。

そうした営業実務のほか、JFEグループ全体で取り組む次期3年間（2018～20年度）の新中期経営計画の策定作業が今の仕事の1つになっている。現行の中期経営計画が17年度に終了するため、次の成長戦略を描くのが主なミッションだ。

「JFEスチールとしての自動車鋼板事業のグローバル展開を見渡すと、アジアの各拠点に続き、2019年にはメキシコで北米初の現地生産拠点を開業する計画になっています。メキシコのプロジェクトを立ち上げた後、次のグローバル展開をどう描くか。『メキシコの次』を考えるのが私の使命。爪痕を残せるように、頑張っていきたいです」と力を込める。

営業の仕事の醍醐味は、人間力の発揮

鉄鋼メーカーの製品はあくまで〝素材〟であり、一般消費者向けの商品と異なり、他社との差別化ができにくい面があるのは確かだ。鉄鋼製品の価値には、品質・コスト、デリバリー・グローバル供給力、お客様に役立つ提案力などに加えて、営業マン個人の人間力が評価される局面もある。

田島さんからは「営業マンの人間性が力を発揮できたときにやりがいを感じます。他の要素で見劣りしても、それを営業マンの人間力がカバーできるのが営業の仕事の醍醐味ではないでしょうか」という頼もしい発言も聞かれる。

週末は、中国駐在時代に産まれた二人の子どもと遊ぶのが目下の楽しみだと笑う。中学高校時代に、柔道部で鍛えた身体と鋭い目つきが、家族の話になると別の表情を見せるのが魅力的な鉄鋼マンだ。

※肩書は2018年2月の取材当時

【田島さんのある1日の仕事】

09:00	出勤
09:10	メールチェック（海外からのメールは夕刻から夜に入っていることが多い）
10:00	部内ミーティング
11:00	海外事務所・現地法人とＴＶ電話会議
12:00	社内食堂で昼食
12:45	商社と打ち合わせ
14:00	外出
15:00	自動車メーカーを訪問して打ち合わせ
17:00	帰社後、取引先との打ち合わせ内容について報告書作成
18:00	海外出張の準備
18:30	取引先との会食

【プロフィール】

田島匡（たじま・ただし）

1978年生まれ。2001年3月、神戸大学法学部を卒業後。同年4月にＮＫＫに入社。入社直後に「ＮＫＫと川崎製鉄が合併してＪＦＥグループになる」ことが発表され「同期の仲間と、大きな会社になって活躍の場が広がりそうだと喜んだことを覚えている」。入社2年後の2003年4月にＪＦＥスチールが正式発足。勤務していた福山製鉄所は、ＪＦＥスチール西日本製鉄所福山地区となった。2005年12月東京本社自動車鋼材営業部、2011年10月からの中国駐在を経て、2017年4月から現職。家族は夫人と一男一女。広島県出身。

3

鉄鋼新商品の技術開発

——世の中に貢献できる新商品を創り出す

株式会社神戸製鋼所
技術開発本部・材料研究所・材質制御研究室
柿内エライジャさん

大学時のインターンプログラムが入社のきっかけ

「大学生のときに神戸製鋼のインターンプログラムに2週間参加しました。そのときに、社員の方々が活き活きと仕事をされていて雰囲気がよかった。働いている皆さんや会社の風土に惹かれて入社しました」

神戸製鋼所の技術開発本部・材料研究所・材質制御研究室で技術開発の仕事に携わる柿内エライジャさんは、東京大学の修士課程1年目の夏休みの記憶をたどりながら、こう話してくれた。

東京大学大学院では工学系研究科マテリアル工学専攻で、鉄を含む金属材料全般に加えて、バイオ系材料や半導体材料などに関する理論を講義で幅広く学んだという。学部の4年生のときから所属していた研究室は、素材の製造から社会の中での使用・廃棄も含めたマテリアルフローのモデル化やリサイクル性を評価できるシステム構築に取り組む研究室だった。鉄鋼材料を対象に、アジア地域における将来需要の予測モデル構築にも取り組んだ。

　鉄を身近に感じていたので鉄鋼メーカーへの就職は自然な流れとも言えるが「鉄は社会基盤に不可欠な材料で、世の中で広く使われます。相変態（そうへんたい）という現象も含めて、組織制御の幅が広いのが鉄の魅力であり素材としての面白さです。世の中に役に立つ新商品を創り出したいという思いで、神戸製鋼所に入社しました」。そう語る柿内さんの目はキラキラと輝いている。

神戸製鋼の強みである ハイテンの新商品を創出

　現在は、材料研究所内で材質制御研究室の一員。材料のミクロ組織制御を通じて強度や成形しやすさ（加工しやすさ）などの材質をコントロールするのが主な業務となっている。

　その中で柿内さんの担当は、自動車の軽量化と衝突安全性の両立を目的に使用される高強度鋼（ハイテン）の新商品を創出すること。一般的に、鋼を高強度化するほど部品に成形するときに割れやすくなったり、成形できたとしても脆いものになってしまいやすい。

「そうならないように、材質バランスを改善できるのがミクロ制御組織です。今後も継続してお客様から『ハイテンの神戸』と評価していただけるよう、優れたハイテンを生み出す技術について研究を続けていきたい」と力を込める。

　神戸製鋼は業界内で「ハイテンの神戸」「線材の神戸」と言われており、自動車用鋼材に強みを持っている。最近では地球温暖化問題に対応したCO_2排出削減のため、自動車メーカーから燃費改善のための軽量化ニーズが一段と高まっている。

　中国や韓国など他国の鉄鋼メーカーとの差別化を図るため、ハイテンなど高付加価値商品の生産販売を拡大するのが日本鉄鋼メーカーの生きる道であり、神戸製鋼もそうした路線に大きく舵を切っている。

What's New の精神で研究開発

　柿内さんは入社9年目になるが、一貫してハイテンの新商品創出が大きな研究テーマとなっている。世の中の役に立つ新商品を創出したいとの思いで日々研究に取り組んでいるが、新商品を生み出して実際に自動車メーカーに採用されるようになるには一般的には10年ぐらいの期間がかかると言われる。

「開発した新商品はお客様の本格採用にまでは至っていませんが、それに向かって進んでいます。こういう現象を発見したとか、こういう条件下で新たな事象を確認したとか、充実感を得られるような仕事ができていることに満足しています。鉄の研究は長い歴史の中で積み上げられてきているものであり、新しいものを創り出すのは容易ではありませんが、常に『What's New』の精神で取り組んでいきたい」

鉄鋼メーカーでは研究所から新たなアイデアを出すことを「玉出しする」という言い方をすることがある。柿内さんが入社して数年目に「玉出し」した新商品のアイデアが、その後にコンセプトの改良を経て、試作品として自動車メーカーにサンプル出荷されている。

それが、さらに改良を重ねた後に自動車メーカーに本格採用され、自動車の軽量化に寄与する日も、そう遠くないかもしれない。

高強度鋼を、さらにつくりやすくする技術を追求

新商品開発とは別に、柿内さんはハイテンを今までよりもつくりやすくする技術の開発にも取り組んでいる。

柿内さんは入社5年目から2年間、加古川製鉄所に駐在して仕事をする経験をした。今の職場は神戸市西区の西神地区にあるが、神戸製鋼所で薄板を製造する製鉄所は加古川製鉄所となっている。

そのときにも、ハイテンをつくりやすくする技術の開発に携わった。薄板工場に席を置き、生産現場の社員と一緒になって知恵を出し合い、温度設定などを調整することで、品質向上や歩留まり向上などの操業技術改善を目指した。

今も時々、加古川製鉄所に足を運び、研究所で培ったミクロ組織制御技術を現場に活用して展開していくのが柿内さんの役割だ。「高強度で加工しや

すい鉄というのは、無駄なくつくるのが難しいし、生産性が落ちやすい傾向があります。品質を上げるとともにコストを下げることで、ハイテンの競争力を高めることを目指しています」との思いで、日々取り組んでいる。

10年後をにらんだ新商品開発。2～3年後を見据えた既存商品や製造プロセスの改良・改善。この2つがターゲットの両輪となっているが、普段の仕事で強く意識していることは何だろうか？

それについては「常に疑問を持つこと。たとえば実験中の、ちょっとした挙動の違いが大きな発見につながることもある」としながら「仮説を立てて検証することが大事。ひと通りの冶金の理論は大学で学びましたが、自分自身で仮説を立てて検証のための実験計画を立案し、実行していくことは、会社に入ってから先輩たちに指導を受けながら身につける必要があります」と話す。

学会発表も成長の場。自分をブラッシュアップ

日本鉄鋼協会などを含め、学会発表などの機会もある。研究で得られた知見や技術について、学会発表や大学の研究者などと議論することを通じて成長していきたいとの考えも強く持っている。「そうした機会を通じて自分をブラッシュアップし、技術力を上げていきたい」との前向きな言葉が多く聞かれる。

鉄鋼の製造現場はチームでの仕事が基本だが、研究開発はややもすると個人プレーになるのではないか？　との疑問もわく。

この点については「私が所属しているチームでは、基本的には役割分担をしていますが、行き詰まったときなどはチーム内で議論しています。そこでよいアイデアが出ることもあります。課題解決に向けて、チームの力が大きく作用する局面は大いにあります」と話し、組織の力も意識しながら研究開発に取り組んでいる様子がうかがえる。

柿内さんは父親が米国人のハーフ。自身は福井県で生まれ、高校まで福井県で過ごした。父親とは英語のみで会話したとのことで、英語力は申し分ない。

学生時代の夏休みに米国滞在した経験もあり、やはりグローバルで活躍したいとの思いは強く持っている。

「当社はグローバル展開を加速しています。出張で米国の薄板合弁会社などに行ったことはありますが、活動の範囲をグローバルに広げて活躍することが将来の夢です」と言う。

週末は、3年前に結婚した夫人と一緒に映画を観たり、神戸の街歩きを楽しんだりしている。「生まれ育った福井県丹生郡越前町（昔は宮崎村）は大好き。大学時代に住んでいた東京とは両極端の町ですが……。神戸も大好きな街です。散策していると、昔ながらの味わい深い建物があるんですよ」と話す顔は、仕事のときとは違って柔和な表情をしている。

※肩書は2018年2月の取材当時

【柿内さんのある1日の仕事】

08:30	出社。メールチェックと本日の予定の確認。
09:00	ラボ実験について、実験作業担当者と打ち合わせ
10:00	グループミーティング（進捗状況を共有、ディスカッション）
12:00	昼食
13:00	加古川製鉄所へ移動
14:00	製造現場立ち会いの準備
14:30	製造現場立ち会い。ラボ調査用のサンプル採取。
16:00	立ち会い結果について製鉄所担当者とディスカッション
17:00	ラボ調査の方針検討（分析・解析）、翌日の会議資料作成
19:00	退社

【プロフィール】

柿内エライジャ（かきうち・えらいじゃ）
1983年5月生まれ。2007年3月東京大学工学部マテリアル工学科卒業。2009年3月東京大学大学院工学系研究科マテリアル工学専攻修了。同年4月に神戸製鋼所入社。技術開発本部材料研究所材質制御研究室に所属のまま現在に至る。なお2013～2014年は加古川製鉄所に駐在。福井県丹生郡出身。

4

建材営業先の新規開拓
——自分を売り込み、会社を売り込む

東京製鉄株式会社
建材部・建材開発課長
髙木健二さん

ゼネコンや設計事務所に自社製品をPR

「設計織り込み、という言葉を使っていますが、建築案件の施工主であるゼネコンの設計部門や建築設計事務所に対し、当社の存在をよく知ってもらい、当社の鋼材を広く使っていただくことが私の仕事です」

東京製鉄の建材部・建材開発課で課長を務める髙木健二さんは、はつらつとした表情でそう語る。

「自分を売り込むところから始まるのが商売の鉄則。自分を売り込みながら東京製鉄という会社を売り込む。ゼロから築いていく商売で、訪問先で厳しい言葉を言われることもありますが、常に挑戦するのが当社の社風。めげない、負けない、東鉄スピリッツですよ」とユーモアを交えた語り口が持ち味だ。

首都圏では大型物件増加。今までと違った視点で営業

東京製鉄が生産するH形鋼や角形鋼管（コラム）、

厚板、薄板など各種製品は、国内の建材分野で販売され、広く使われている実績はある。ただ、それは店売り向け販売という流通業者経由の販売ルートが主で、ゼネコンなど大口の客先向けに営業するケースは、これまでほとんどなかった。

ここにきて国内の建設業界では、物件モノと言われる大型案件取引が増えており、また、耐震性などの観点から構造設計が高度化している。国内鉄鋼メーカー各社は建材製品を販売するにあたり、建物の設計段階から自社製品の使用を組み込んでもらうような営業をする動きが強まっているが、東京製鉄もその例外ではない。

東京製鉄としては、従来からの安定した店売り向け販売に加え、それとは違った視点や切り口を持ちながら、将来に向けて同社の建材製品を拡販していく意味合いがある。東京五輪開催などを控え、首都圏を中心にプロジェクト案件が増加しており、物件対応の体制を整備して今後の需要を捕捉していく考えを持っている。

西本利一社長も「建築物件の動きをゼネコンや設計事務所など、より上流でつかむことが狙いだ。地方の物件も鋼材手配は本社の東京で決まることがある。このため、本社販売部を増員して営業を強化している」としたうえで、「高規格H形鋼など当社製品の認知度はまだ低く、建材開発課にはPRの役割もある。H形鋼に特寸3サイズを追加したが、顧客の要望があれば今後も特寸には積極対応したい」と話している。

低炭素・資源循環型社会、電炉材での実現訴える

高木さんは2015年4月に新設された建材開発課の初代課長となった。今の仕事を始めてから「実は、建材に携わっている人の中で、東京製鉄のことを知らない人が結構いることに気づかされたんです」と話す。

たしかに建設の世界では長く、高炉メーカーの鋼材が標準品として使用されていた歴史があり、電炉品の品質に対する厳しい見方が今でも一部で残っている面は否めない。

高木さんは、そうした点について「電炉業とは環境対応型業種であり、鉄スクラップのリサイクルにより、環境負荷が低い。低炭素・循環型社会を実現するためには、電炉品が優れているということをPRしています。当然のことながら、品質も全く問題ありません。むしろ、よいところもたくさんあります」と力を込める。

自社の認知度を高めるのが大きなミッションであり、その視野や思考は常に東京製鉄の扱う全品種におよんでいる。

「電炉メーカーでありながら、H形鋼もコラムも薄板も厚板も、なんでもつくっているのが当社の強みです。最初は冷たく対応されたら、次こそはと思って、その悔しさを将来に向けた励みにしています。当社製品の優位性を理解していただき、なんとか果実を刈り取って受注につなげたい」

そうした熱意を持って連日、ゼネコンの設計部門や新たな設計事務所などを回り、多くの人に会って会話を重ねている。

人のつながりが販路を広げる

高木さんの会社生活は大阪支社で始まった。1991年に日本大学法学部を卒業して東京製鉄に入社し、大阪支店の販売部販売課に配属された。配属当初は、主に建築物の鉄筋として使われる異形棒鋼の販売を担当した。

東京都浅草育ちの自分にとって、大阪は見知らぬことばかりだったというが、持ち前の明るさと粘り強さで営業マンとしての頭角を現した。

その後17年にわたる大阪勤務、続く東京本社での販売部販売一課長代理時代、そして名古屋支店勤務時代を通じ、人と人とのつながりを大事にする仕事姿勢がさらに強まっていった。

「面白いことに、人が人を呼ぶんです。人のつながりが販路を広げていく」との言葉からは、人との信頼関係を新たな仕事につなげてきた、これまでの仕事ぶりが浮かび上がる。

仕事は人と人との関係の上に成り立つもので、その人間力の発揮こそが営業の仕事のやりがいであり、魅力だということが言葉の端々から滲み出ている。

今後の仕事の目標について髙木さんは「コンパクトな会社組織であり、風通しがよい会社です。自分より年の若い社員のことは、全員のことを勝手に部下だと思っています」としたうえで、「部署・部門を問わず、全社員が5年後、10年後には当社製品の優位性、他社製品と比較したときのメリットなどを、自信を持って語れるようにしたいんです」と言う。

自社製品を愛し、自社製品を買ってもらうことを提案できる力を、全社員が身につける会社でありたいとの思いが強い。

社内での情報共有を重視、専門知識習得も大事

自社製品のことを説明するには、技術的な知識も必要だ。今は設計事務所の人と話す機会が多いが、構造設計の専門用語を理解して話せないと、本当の意味で相手にされない面もある。どの仕事でもそうだが、専門家は相手の専門力に応じたレベルで、自分の対応を変えようとするのが通例だ。

髙木さんは就業後には、設計用語を含めた専門業界の最新知識や動向を、自学自習で身につけることを心掛けている。一方で、営業で得意先から得た情報については、社内掲示板に情報を書き込んで、社内で情報共有してもらうように心掛けている。

「またいつか、一緒に働く機会がある可能性がある人たちとともに、皆で一緒に営業力を高めよう」。そうしたことを考えながら、「あとは笑顔と熱意で」と常にユーモアを忘れない。

製品・顧客・新ルートなど、あらゆる開発を

東京製鉄は２０１５年4月新設の建材開発課に先駆けること4年、２０１１年4月に鋼板開発課を新設している。直需（ユーザーへの直接販売）を増やすことを狙っての組織化であり、廃車スクラップの電炉での使用促進と自動車メーカーへの販売開拓を狙う「car to car」などにも取り組んでいる。

全社で見ると建材開発課と鋼板開発課、そして田

原工場での技術開発を合わせた3開発体制となっている。髙木さんは「開発という言葉は広い意味を持っています。製品開発、顧客開発、将来のお客様につながるルート開発など、あらゆる開発を包含しており、取り組むべきことは多くあります」と言う。

既成概念にとらわれず、果敢にチャレンジするのが同社の社風でありＤＮＡだが、髙木さんはそうしたＤＮＡを体現しているように見える。

※肩書は２０１８年2月の取材当時

【髙木さんのある1日の仕事】

08:00	出勤
08:10	鉄鋼業界紙やメールチェックなどで情報収集
10:00	設計事務所を訪問してミーティング
11:30	ミーティング終了、異動
12:00	外出先で昼食
13:30	ゼネコンの設計部門と打ち合わせ
16:00	帰社後、取引先との打ち合わせ内容について社内掲示板に情報記入
17:00	社内で打ち合わせ
17:30	建築設計の動向について情報収集。プレゼン資料作成。勉強

【プロフィール】

髙木健二（たかぎ・けんじ）

1969年3月生まれ。1991年3月、日本大学法学部を卒業。同年4月に東京製鉄に入社。大阪支店販売部販売課に所属。2008年4月に東京本社販売部販売一課へ異動、課長代理を務める。2013年4月に名古屋支店へ異動。2015年4月から現職。家族は夫人と娘二人。東京都台東区出身で浅草育ち。休みの日は都内の祭りで神輿を担ぐ。

5

特殊鋼の生産技術改善
——さらに品質のよい鋼をつくる

大同特殊鋼株式会社
知多工場・製鋼室副主任部員
白鳥雅之さん

車や飛行機の心臓部に使われる特殊鋼に惹かれて入社

「大学では鉄鋼材料を研究していました。自動車など最終製品の特性を引き出すのは素材の力が大きいので、素材メーカーに興味がありました。鉄鋼、アルミ、銅など多くの素材メーカーの中で、特に特殊鋼に惹かれたんです」。国内特殊鋼専業メーカー最大手である大同特殊鋼の知多工場で、製鋼室副主任部員を務める白鳥雅之さんはこう話す。

早稲田大学では理工学部物質開発工学科で鉄の錆びや腐食を研究していた。「身の回りにある金属の化学反応に興味を持って」学生時代は勉強に取り組んでいたという。

就職は研究室からの推薦ではなく自由応募で、さまざまな企業を見たうえで決めたというが、特殊鋼のどういう点に魅力を感じたのかを聞いてみると、「特殊鋼がどこに使われているかというと、自動車にしても飛行機にしても、いわゆる心臓部。エンジン廻りや足廻り部品など、万が一、壊れたり不具合

Chap.1 最新動向
Chap.2 海外事情
Chap.3 鉄鋼製品
Chap.4 流通販売
Chap.5 主要企業
Chap.6 注目企業
Chap.7 仕事人
Chap.8 採用動向
Chap.9 歴史

があったりしたら人命にかかわる重要部品をつくるために必要不可欠なのが特殊鋼。最終製品である自動車や飛行機の動力特性をいかに引き出せるかは素材の力に依存している部分も大きい。そうした素材を製造できるメーカーは、ものすごく高い技術力を持っている。そこで働きたいと思いました」

数量面で見ると特殊鋼より普通鋼のほうがボリュームは大きい。普通鋼主体の高炉メーカーの製鉄所は年産1000万トン規模だが、大同特殊鋼の中で中核工場の位置づけにある知多工場は年産能力180万トン。比較すれば確かに少ないが、特殊鋼で180万トンという規模は非常に大きな数量であり、ここ知多工場は単一事業所として世界最大級の高級特殊鋼量産工場となっている。多品種・小ロット型生産となる特殊鋼製品を、単一工場ですべて製造できるのが特徴だ。

製鋼工程の品質・コスト・能率など改善

特殊鋼電炉メーカーの中で、大同特殊鋼の特徴は何か？　それは構造用鋼（合金鋼・炭素鋼）、工具鋼、軸受鋼、ステンレス鋼、ばね鋼、快削鋼といった幅広い特殊鋼の品種を生産販売していること。特に、工具鋼、構造用鋼（合金鋼）、軸受鋼、ステンレス鋼の4つで高い市場シェアを持つのが強みとなっている。

白鳥さんが所属する製鋼室は、鋼（はがね）を製造する部門。原料となる鉄スクラップを電気炉で溶解し、鋳造という工程で固めた後に、鍛えたり延ばしたりして特殊鋼製品をつくっていくが、その溶解・鋳造工程で品質をつくり込むのが製鋼室の役割となっている。

今は製鋼室で技術的な統括をする立場にある。部下が12人ほどいて、それぞれが電気炉担当、精錬担当、鋳造担当、二次溶解担当など担当が分かれている。それらをとりまとめるのが白鳥さんの役割で「さまざまな工程を見渡して視野を広く持ちながら、いかに生産能率を上げ、コストを下げ、品質を上げていけるかを考えて、改善していくのが主な仕事です」と言う。

特殊鋼はさまざまな部品に、なくてはならない素材として必要とされる。それぞれの部位に求められる品質は、少しずつ異なっている。お客様のニーズや品質要求は多岐にわたる。その要望に沿った形で鋼のつくり込みを行い、高品質の製品に仕上げて出荷することが求められる。

特殊鋼をつくり分けるうえで、マンガン、ニッケル、クロムなどの合金をどれだけ混ぜるか。そうした鋼の成分などの違いによる種類を鋼種と呼ぶが、知多工場の場合、月間500~600の鋼種、年間で2000種類におよぶ鋼種をつくり分けて生産している。

中にはつくりにくい鋼種もある。少量注文のために生産効率が悪くなりやすい鋼種もある。それらをいかにうまくつくるか。お客様の注文から出荷までの納期を、いかに短くすることができるか。短納期対応ができれば、お客様側での在庫負担を減らすことができる。いくつかの鋼種をまとめて生産するような工夫や特殊なつくり方を交え、製品特性に応じて特殊な鋼を生産するための司令塔の役割を、白鳥さんは担っていると言える。

「大同さん、これつくれますか?」。お客様から、こうした相談を受けることもあるという。他のメーカーでは生産効率が悪くなるために受注を見送るような特殊鋼製品について、大同特殊鋼に生産依頼が寄せられるケースがある。

「そうしたお客様のニーズに応え、実現できるのが当社の技術力の強みだと思っています。それはまさに、私が就職活動をしているときに感じた『大同の技術はものすごい』と思った力なんです」。白鳥さんは現在、入社12年目となっているが、就職活動時に感じた思いも振り返りながら、そう話してくれた。

大型設備投資のプロジェクトチームにも所属

大同特殊鋼では、1つの専門領域で長く仕事をする人もいるが、どちらかというとさまざまな分野を経験して視野を広げ、複数の職場を経験しながら仕事の幅を広げる形で、エンジニアを育成していくケースが多い。

白鳥さんは入社時、知多工場製鋼室の鋳造担当だった。7年目の2012年には、社内に発足した新たなプロジェクトチームのメンバーの一員となる辞令を受けた。鋼材構造改革プロジェクトチームというもので、現在知多工場で稼働している150トンの大型電気炉の建設を検討・計画した。

その後は建設班にも所属し、設備の立ち上げにも携わった。現在、その150トン電気炉は知多工場で稼働する4基のうちの主力電気炉として、特殊鋼の大量効率生産を進めるうえでの大きな武器になっている。設備投資の検討段階から立ち上げに至るまでの一連の流れにかかわったことは、特殊鋼メーカーとしての経営判断提案から設備投資実行までを経験する貴重な仕事になった。その設備が、今の大同特殊鋼のコスト競争力を支えていることには大きなやりがいと達成感を感じているようだ。

技術サービスも経験。国内外にある顧客の工場へ

入社9年目の2014年からは、知多工場内で技術室に所属し、技術サービスの仕事をした。お客様のところに営業部員と一緒に出向き、契約する製品の仕様を決めたり、お客様にコスト削減などを含めた改善提案などを行う仕事。品質面のクレーム対応などを受けることもあるが、それが先々の大きな成功や技術的成長につながることも多い。他の鉄鋼メーカーでもそうだが、お客様と1つの目標に向かってWin－Winの関係をつくることが重要。そこでぶつかり合うことで鍛えられ、お互いがレベルアップする。それが鉄鋼メーカーとユーザー業界との長い歴史とも言える。

技術サービスでは、お客様の工場を訪ねていく機会が多い。白鳥さんはベアリングの転動体メーカーなどを担当したというが、国内にとどまらず、ヨーロッパや中国への出張機会があった。「それまでは自社の工場内だけで仕事をしていたので、外の世界を知ることは貴重な経験になりました。お客様の世界を知り、そのニーズをいかに自社の工場内に落とし込むか、という視点を強く意識するようになりました」と話している。

　これまで知多工場内のさまざまな部署で仕事を積み重ねてきた。今後について「当社が展開する他の事業のことも知りたい。磁石や粉末、航空機向けの高合金鍛鋼品なども強みがある。当社の多様な事業について理解を深めながら、特殊鋼メーカーとしてどう進んでいくべきなのかを考えられるようになりたい」と力を込める。

　部下の育成とともに、自分自身の成長にも貪欲な白鳥さん。毎日の仕事では「スピード感を持って対応することを心掛けている」と言う。「考えすぎて、ずっと立ち止まっているよりは、とりあえずやってみよう。仮に失敗したとしても次につながるし、つなげていけばいい。操業に関する理論的な裏づけは重要だが、実際の操業の結果から理論に戻るという逆の流れがあってもいいじゃないか」。そうした白鳥さんの前向きな仕事姿勢が職場の活気を生み、白鳥さんの後を追うように後輩たちが一人前の「製鋼マン」に育っていく。

　私生活では8年前に結婚し、今では三人の娘さんの父親。「休日は、娘たちと遊ぶことで手一杯です」と笑う顔が印象的だ。知多工場の軟式野球部に所属しており、土日に練習や試合が行われる。「違う年代の社員と一緒に汗を流してリフレッシュしています。現場で働く人たちとのよい交流の場になっています」と言う。

※肩書は2018年2月の取材当時

【白鳥さんのある１日の仕事】

08:30	出社。工場内の現場をまわって操業の状況を確認
09:30	朝会。現場の係長を集めて打ち合わせ。状況確認のほか、１週間の工程決定や月次計画の策定など
10:30	デスクワークでメールチェックなど
11:00	部下や後輩の指導
12:00	昼食
13:00	兼務する合理化建設班の打ち合わせに参加
15:00	知多工場内の他室との打ち合わせ
16:00	部下や後輩の指導
17:00	デスクワークで技術資料や報告書の作成
19:00	退社

【プロフィール】

白鳥雅之（しらとり・まさゆき）

1983年8月生まれ。2006年3月、早稲田大学理工学部物質開発工学科卒業。同年4月に大同特殊鋼入社。知多工場製鋼室に配属された。その後、知多工場技術室などを経て現職。埼玉県春日部市出身。

6

特殊鋼の品質・生産改善
――安全な職場環境をつくり、顧客ニーズに応える

日立金属株式会社
安来工場・製鋼部製鋼グループ長
松本祐治さん

材料を手掛ける面白そうな会社に入社

「大学では材料工学を専攻していました。大学を選ぶときに、将来どういう仕事に就きたいかを考え、

理系だったこともあり技術系の会社に入りたいという漠然とした思いがありました。世の中には飛行機や自動車などいろいろなものがありますが、ベースとなるのは材料。材料を勉強しておけば将来の進路の選択肢が広がると思い、材料工学が勉強できる九州大学に進みました」

日立金属の主力工場である安来工場で、製鋼部製鋼グループ長を務める松本祐治さんは、学生時代を振り返ってそう話してくれた。

大学院に進んで就職先を決めていく段階になり、材料メーカーをいろいろ調べていく中で、日立金属に関心を持った。研究室の先輩が、日立金属の九州工場に務めていた縁もあり、その先輩の話などを聞く中で、自分の気持ちが固まっていった。

「材料メーカーの中でも、鉄鋼分野では高級分野で

ある特殊鋼に特化している。特殊鋼以外にも鋳物や磁性材（磁石）などさまざまな事業を展開していて、非常に面白そうな会社だと思った」と言う。

日立金属は日立製作所グループの金属材料メーカーで、1956年（昭和31年）に日立製作所の鉄鋼部門が分離独立して発足した会社だ。鉄鋼メーカー、中でも特殊鋼メーカーの顔を持つが、それだけでは収まりきらない業態の幅がある。「世界トップクラスの高機能材料メーカーを目指す」としているが、事業セグメントは①特殊鋼製品、②磁性材料、③素形材製品、④電線材料の4つのセグメントに分かれる。

安全向上は〝人づくり〟から

松本さんが所属する製鋼部はエンジニア（技術員）や現場スタッフなど総勢300名ほどの大所帯。その中で松本さんは二百数十名が所属する製鋼グループを率いる立場だ。鉄鋼の製造工程においては、製鋼工程で、いかに品質のつくり込みを行うかが大きなカギを握る。「2年半ほど前にグループ長になり、自分のポジションからの発言には影響力や責任があるということを自覚しています」と話す。入社当時の技術員の立場だった頃とは違い、今は現場の係長をとりまとめ、組織を動かしていくことにやりがいと責任を強く感じているようだ。

「現場の社員が、主力拠点である安来工場の製鋼工場で働いていることに対し、よい意味でプライドや誇りを持っている。そうした力を結集し、製造現場の実力をさらに高めたい」との思いが強い。

今の仕事は安全、品質、生産を改善していくことが課題になる。安全では「災害ゼロが当たり前だが、小さな怪我などは、たまに起きることもある。仮に誰かが転んだら、転んだ人が悪いのではなくてなぜ転んだのか、つまずきやすい箇所があったのではないかと考えるように皆に言っている」と語るが、安全向上には現場の人づくりが重要だと力を込める。

「安全な職場をつくるには、人をつくらないといけない。現場から意見や声が上がるような、人材を育てていきたい」。そう考えながら日々、安全向上に取り組んでいる。

安全向上と並んで、品質向上・生産改善が松本さんの大きな仕事だ。安来工場では数多くの品種を生産している。最近は特殊鋼の需給がひっ迫しており、お客様から数量対応を含めて、高いレベルでの要請や注文が寄せられるが、それは日立金属への信頼と期待があるからこそ。

「操業上の不具合に対して何をすべきかの課題はわかっている。それを解決し、今より生産性向上を図り、品質改善を実現したい」と力を込める。

加えて「ロングタームで考えて、どういう設備増強を進め、どういう体制を構築するのが望ましいのか。製鋼工場をよくするのはもちろんだが、それを通じて安来工場をよくして、さらに日立金属全体がよくなるための貢献がしたい」。松本さんから前向きな言葉が相次ぎ出てくるのが頼もしい。

今できることから始めよう

松本さんは「今できることから始めよう」という考えで仕事に向き合っている。その原点はアメリカ駐在にある。入社6年目、それまで勤めていた今の職場（安来工場製鋼部）から、米国子会社であるメトグラス社への人事異動の辞令が出た。

「全く知らないアモルファス金属の分野。海外生活も初めて。半年ぐらいモヤモヤした状態が続いていたが、その当時に駐在していた上司から仕事に対する考え方の刺激を受け、視野が広がった。ゼロから学ぶ仕事だったが、いい意味での開き直りもあって、できることからやってみようとのスタンスが身についた」と振り返る。

米国人は日本人に比べてチャレンジングな精神で仕事をすることに驚きもあったという。日本人の仕事は保守的な傾向が強く、過去の経験から照らし合わせ、頭で考えて無理だと判断したことには挑戦しないことが多い。変化を恐れる風潮になりがちだが、「米国人は失敗を恐れず、やってみないとわからないじゃないかというスピリットに溢れていたので刺激を受けた」

「もちろんできることとできないことの見極めは必

要だが、チャレンジすることの重要性も肌で感じた」駐在生活になった。一方で「日本のよさを客観的に感じることもできたし、日本の独特さ、異質さに気づかされる面もあった」と言うが、海外駐在を通じて自分が変わり「有意義な経験をすることができた」と話す。

米国で駐在したメトグラス社は、変圧器などに使われるアモルファス金属のメーカー。それまでの仕事とは全く別の事業領域を知り、視野や視点を広げることができた。

帰国後は当時、安来工場で立ち上げ途上にあったアモルファス金属の新工場に勤務。米国で学んだことを日本の製造現場にフィードバックし、日本で米国と同様の生産体制を構築することに力を入れたという。その後2年半にわたって日本でアモルファス金属に携わり、特殊鋼の製鋼工場とアモルファス金属という2つの仕事の経験を積むことができた。

よくするために変えていく

その後再び、安来工場の製鋼部に配属となる。製鋼マンとしては珍しい経験も積んで、仕事の幅が広がった。「他の部署と切磋琢磨しながら協力し、工場全体としてさらに力をつけていきたい」としながら「何か1つでも、工場全体がよくなるために〝変える〟ことを目指す。松本が来てくれて何かが変わった。何かを残してくれたと言われるような仕事をしたい」との目標を持っている。

変えるという意味では、鉄鋼メーカーにおける仕事のやり方も先々は変わっていくだろう。人手不足に対する対応も課題の1つだが「問題意識を持っています。ある部分は自動化していく必要があるし、それも変えていくことの1つだと認識しています」と。

今のポジションで海外からのお客様対応をすることもあるが、「そういう視点もあるんだなあ。違う考え方をするんだなあ」と冷静に受け止めることができるようになった。海外駐在の経験が活きているようだ。

今後、日本の鉄鋼メーカーは海外での成長戦略を加速していく流れにあり「いつかまたチャンスがあれば、海外でも仕事をしたい。そこでの出会いや縁も楽しみ」


松本さんは大阪府出身で大学時代は九州で過ごした。日立金属に入社して初めて島根県安来市で生活した。初めは「周りに何もないし、大変なところに来てしまった」とも感じたと笑うが、今では居心地がよく、自然が多いので住みやすいと気に入っている。週末にはジョギングでリフレッシュすることが多い。

「鉄鋼の現場で仕事をするうえで、人とコミュニケーションができることが非常に重要。現場スタッフの意見に耳を傾け、話を聴いてあげること。さらには言いたいことを伝える力。それができる人材を育てたい」と話す松本さんの眼はキラキラと輝いている。

※肩書は2018年2月の取材当時

【松本さんのある1日の仕事】

07:30	出社。メールチェックや書類確認など
08:30	工場で現場の朝礼。その後、現場の巡回
10:30	デスクワーク。部下から報告や相談を受ける
12:00	昼食
13:00	他の部署と会議
15:00	製鋼部内の会議、打ち合わせ
16:30	デスクワーク
18:30	退社

【プロフィール】

松本祐治（まつもと・ゆうじ）

1975年5月生まれ。2001年3月、九州大学材料工学修了。同年4月に日立金属入社。安来工場製鋼部に配属された。2006年6月に米国子会社のメトグラス社に駐在。2011年11月安来工場製鋼部技師、その後統括主任などを経て現職。大阪府出身。

Chapter8

鉄鋼業界に入るには

～採用最前線～

1 日本製鉄

若手社員（リクルーター）を通して相互理解を深められる

日本製鉄の採用広報活動においては、若手社員（リクルーター）との対話を通して相互理解を深められることがポイントになっている。

一般的にイメージを持ちづらいB to B企業である中で、学生にとっては業界の特徴、業務内容・やりがい、社員の想い・特徴等が深く理解できるメリットがある。採用に至るまでのステップは次のようになっている。

《事務系》 合同セミナー、自社セミナー、リクルーターとの対話 → エントリーシート、適性検査、面接

《技術系》 合同セミナー、自社セミナー、工場・研究所見学・リクルーターとの対話 → 学校推薦取得、面接。または、エントリーシート、適性検査、面接

日本製鉄に最初から志望先を決めている学生は少数であり、リクルーターとの対話を通じてイメージが変わるケースが多い。

「固い会社だと思っていたが、フランクで面白い社員が多い」といったコメントも多く、最終的には「社会への影響力の大きさ」、「グローバルに活躍できる環境」、「社員の熱意」などが決め手となっているようだ。

選考は人物重視であるが、技術系の場合は専門性も加味して判断される。人物重視といっても漠然としているので、もう少し詳しく探ってみると、欲しい人材は、「鉄を通じて産業の発展や人々の暮らし

に貢献するという理念に共感してくれる人。さまざまなバックグラウンドの人（事務系、技術系、現場オペレーター等）とチーム一丸となって仕事をしたい人」であり、「自分で課題を見つけ、解決に向けて自立的に行動できる人」ということ。

入社後の職種としては、事務系は国内外の営業、企画・マーケティング、原料調達、財務、生産管理などがあり、技術系には研究開発、生産技術、品質管理、設備技術などがある。事務系は若いうちに本社と製鉄所の両方を経験し、以後は希望や適性を踏まえたローテーションとなる。

技術系は主に製鉄所か研究所に配属となる。近年は事務、技術共に海外事務所・生産拠点へのローテーションも増えている。

研修機会が豊富に設けられている

入社後の研修としては、まず新入社員研修から始まり、部長層に至るまでの一貫した階層別研修を実施している。配属後には新入社員に必ず先輩コーチャーがつき、社会人としての基礎の指導から公私にわたる悩み相談までを担っている。

加えて、コアスキル（財務・法務）研修、ビジネススキル研修、技術教育プログラム等も充実しており、「ものづくりは人づくりから」という思想を人材育成面において実践している。

初任給は大学卒21万3０００円、大学院卒（修士）23万８０００円で、昇給は年に1回、賞与は２回である。

完全週休2日制で、有給休暇は20日。社宅と寮がすべての事業所に完備されており、製鉄所には順次保育所も開設されている。その他、育児や介護に関する休業・補助制度なども充実している。２０１９年11月にはテレワーク制度も導入している。

2 JFEスチール

視野の広さや課題設定能力が求められる

JFEスチールの行動規範は「挑戦・柔軟・誠実」であり、求める人物像は次の通りとなっている。

①目標に向けて積極的に取り組める人
・物事をポジティブにとらえる思考のできる人
・知的好奇心が旺盛で幅広い視野を持ち、課題設定能力が優れている人
・目標や志を高く持って、日々挑戦を続けられる人
②変化に対して対応力のある人
・変化をチャンスと受け止める積極性を持つ人
・柔軟な発想で物事に取り組んでいける人
・諦めずに粘り強く問題解決に当たる事ができる人
③物事に誠実に向き合える人
・正当な倫理観や価値観をベースに判断ができる人
・物事を公平かつ公明正大に行うことができる人

選考プロセスは次の通りとなっている。

・WEBによるエントリー受付　3月
・エントリー者向けの会社説明会　3月以降に開催。
・会社説明会は、鉄鋼業界、会社概要などの基本的な説明はもちろん、社員との対話を通じて仕事の中身ややりがいなどがわかる内容。WEBでのオンラインセミナーも開催。
・事務系の選考は、事前の書類選考を経て6月以降、面接と適性検査を実施。
・技術系は学校推薦制度と自由応募を併用。学校推薦制度では、大学OBが主催する製鉄所見学に参加してもらい、職種や社風を理解したうえで学校

推薦による応募をしてもらう。対象の専攻は、材料系、機械系、電気系、化学系、理学系、土木・建築系、情報系など。自由応募の選考プロセスは事務系と同様。

・選考のポイントは、鉄鋼業の社会的意義を理解・共感しているか、魅力を感じる個性・人間力が備わっているかどうか。

グローバル育成・研修に力を入れる

人材育成や研修制度は次の通りとなっている。

・入社直後は1カ月間の集合研修があり、配属前の準備として、会社・業務の理解、鉄鋼知識やビジネスマナーの習得に重きを置いている。
・配属先では、指導先輩によるＯＪＴを通じて業務に必要なさまざまなスキルを学ぶ。
・入社後1年間は、指導先輩の他にメンターがつき、社会人生活全般について相談できる制度がある。
・2年目以降は、集合研修が定期的に開催されるほか、社内大学（ＪＦＥカレッジ）・語学研修制度も整備されており、ビジネススキル・鉄鋼知識・語学力等を個々の必要性に応じて学べる環境も充実している。

初任は、事務系、技術系問わず、全員が製鉄所配属となる。それ以降は、技術系は製鉄所を中心に事務系は本社・支社を中心にローテーションが組まれている。

同社の売上高は今や50％程度が海外であり、海外製造拠点の整備が進んでいる。

若手のうちからグローバル感覚を磨くため、語学研修はもちろんのこと、事務系は海外事務所への派遣研修、技術系は海外の学会での論文発表や新規製造拠点での技術指導なども行っている。

ダイバーシティも進む。総合職における女性社員の在籍数は年々上昇し、外国人採用も推進している。

なお、福利厚生は週休2日制（土日）、祝日、年間20日の年次有給休暇がある。育児、介護と仕事の両立支援制度は法定以上に設定している。各地区に独身寮や保養施設がある。

3

神戸製鋼所

つくる人の想いに応える

KOBELCOグループは創業当時から、「人の想いに応えたいという意志」と、「挑戦を許容するDNA」を持ち続けてきた。目の前の人のために努力することで、独自の技術を増やし、さらに多くの人の期待に応える。それを続けてきたから、現在の複数の事業を持つ姿がある。たとえ他の誰もやらないことでも、失敗するリスクがあっても、社会のため、誰かのために必要だと判断したら実行する。そんな意志を持つ仲間を求めている。

グループの企業理念「実現したい未来」「使命・存在意義」「3つの約束」「6つの誓い」は、社員全体の意見を聞き、何度も議論を重ねてできたものであり、働くうえで根幹となる考え方。これを理解・共感し、あるべき人物像と定める「誠実」「協働」「変革」を兼ね備えた人材を求めている。

具体的な就職活動としては、事務系、技術系ともに次のフローとなる。

エントリー→エントリーシート（ES）、適性検査→面談／面接→最終選考

まず、広報活動解禁日以降にKOBELCOグループ新卒採用サイトにエントリーするところから始まる。ES提出、適性検査受験やイベント、説明会への申し込みなどはすべてエントリー後のマイページにて受けつけている。

複数回の面談／面接を実施するが、1回当たり40～60分と長い時間をかけ、じっくりとマッチングを図ることを重視している。学生にも会社のことをき

ちんと理解し、納得してもらうことで、入社後のミスマッチを防ぐのが目的である。

適性を考慮したジョブローテーション制度を実施

就職後の職種としては、以下のとおり。

《事務系》営業（国内・海外）、経理、財務、生産管理、人事、法務など

《技術系》研究・開発、設計、生産技術など

内定後、入社するまでの期間に、将来のキャリアイメージなどをヒアリングする面談を一人ひとり実施し、最初の配属が決定される。入社後、事務系は希望や適性を考慮したジョブローテーション制度を実施。技術系は研究所もしくは各製造拠点への配属が中心。福利厚生は、単身寮や社宅が整備されている他、各種社会保険、グループ保険、財形貯蓄、選択型確定拠出年金制度（ＤＣ）、住宅財形制度などが用意されている。

最近、力を入れている主な取り組みは次の2つ。

・**柔軟な働き方の実現**……フレックスタイム制度、在宅勤務日制度（通常月8日まで、ただし２０２０年10月現在例外的に拡大適用中）、ドレスコードフリー（本社・支社・支店のみ）

・**仕事と生活の両立支援**……仕事と育児の両立支援制度（育児休業等）、キャリア継続休職制度など

入社後3年間は「ＯＪＴリーダー制度」が設けられている。これは職場の先輩社員による仕事を共に進めながら実施する教育。すべての新入社員にリーダーである先輩社員がつき、日常の仕事や個人的な悩みなども相談に乗り、指導を行う。ＯＪＴリーダーによる指導は3年間継続して行われている。

入社後も年次、役職などに応じて、階層、専門別研修が実施されるほか、選択型の研修として、ビジネス系研修（営業、財務・会計、プレゼンテーション・スキル、異文化適応プログラムなど）や、技術系・技能系研修（材料、機械、電気計装制御技術、安全、品質工学など）などにより、人材育成を全面的に支援している。語学教育としては、外国人教師による定時内レッスンの他、自己啓発支援として通信教育、ｅラーニングの機会と場が設けられている。

4 東京製鉄

原則として3回の面接。筆記試験も実施

東京製鉄に就職を希望する人の就職活動は、同社のホームページに掲載されている採用情報を通じてのエントリーから始まる。

募集職種は、

①事務系は総務・経理・販売・購買・物流など
②技術系は生産技術・設備管理・品質管理・設備・技術開発・制御システムなど

としている。募集人数は事務系・技術系とも若干名。

エントリーし、各種の必要書類の送付を受け、その後、原則として3回実施されている面接を受ける中で絞り込まれ、最終的に採用が決まっていく。

筆記試験は2種類を課している。

1つは、事務系・技術系に共通の筆記試験。もう1つは技術系の場合で、その分野によって課される専門知識に関する筆記試験となる。ただし重視するのはあくまで面接という。

応募にあたり、必要な資格は定めていないが、たとえばＴＯＥＩＣなどに上位の成績を収めたなど、個々の資格については個別に評価している。

選考の決め手は人物本位

選抜基準も最終決定の決め手も、すべて「人物本位」としているのが同社の採用方針。

求められる人物像については「積極性、協調性があること。ただし独創性についても求める」という。社内は特に本社部門において少数精鋭での運営となっており、若いときから、責任のある仕事を任されるケースが多いようだ。

社風にある通り、常に挑戦するには「独創性」が必要であり、また、そうした独創的なアイデアを企画立案するには、社内での情報共有が重要。そうした意味から「協調性が必要」になってくるし、「積極的に人とかかわり、提案していく」仕事のスタイルが求められていると言えよう。

最近は女性の技術系総合職も入社

採用ダイバーシティの世の中の流れと同様、東京製鉄の採用においても多様化が進んできている。

技術系として、2017年4月に初めて新卒女性が総合職として入社。東鉄初の「リケジョ入社」と話題になったのが一つの転機になった。また同社には少し前まで、女性の職種について総合職と一般職の区分があった。これを統一して、今はすべて総合職としている。その意味からは、すでに女性総合職は社内に在籍しているが、入社時から総合職として入社する技術系の女子学生が出始めたのは比較的最近の出来事だ。

中途採用では、即戦力の確保という観点から工場の生産ラインに従事するケースのほか、技術系事務職の場合には、中途入社後に、それまでの知見・経験を活かして成長し、経営幹部として要職に就くケースも多数ある。

新卒の場合、入社後は工場において安全研修、情報システム研修などがあり、その後事務系は原則、本社に、技術系は工場に勤務することになる。

初任給は2018年4月入社の事務・技術系総合職の場合、修士卒が23万3890円、大学卒が21万2590円、高専卒が18万9630円となっている。本社勤務の場合は別途、都市手当が支給される。

Chap.1 最新動向
Chap.2 海外事情
Chap.3 鉄鋼製品
Chap.4 流通販売
Chap.5 主要企業
Chap.6 注目企業
Chap.7 仕事人
Chap.8 採用動向
Chap.9 歴史

5 大同特殊鋼

「自分で考え、行動できる人」を選考

大同特殊鋼が求める人材は、ひと言で言えば「自分で考え、行動できる人」だ。２０１６年、同社は創業１００周年を機に人事制度や行動指針などを変更したが、教育制度や人事採用のあり方についても、従来とは少し変えようとしている面もある。

新たな行動指針は「高い志を持つ」「誠実に行動する」「自ら成長する」「チームの力を活かす」「挑戦し続ける」の5項目。そうした行動ができる人材を求めていると言える。

採用担当者は「芯が強く、自分自身で『G』ＰＤＣＡを回すことができる人を求めています」と強調する。ＧはＧｏａｌ（目標）の頭文字で、ＰＤＣＡはよく言われる「Plan、Do、Check、Action」。ＰＤＣＡの前にＧがあるのが肝であり「自分で目標設定→論理的思考力を使って考える→周囲を巻き込んでアクションを起こす→周囲からフィードバックを受け入れて改善する」のサイクルを回せる人材を採用・育成しようとしている。

ジョブマッチング面談などを経て面接へ

採用プロセスの流れは次の通りとなっている。

《事務系》一次ジョブマッチング（ＪＭ）面談を集団で行う→二次ＪＭ面談（個人）→最終面接

《技術系》一次ＪＭ面談を個人で行う→二次ＪＭ

面談（集団）→最終面接

事務系・技術系いずれも、総合検査SPIにより基礎能力・性格検査を行っている。集団面談ではテーマを決めて、グループディスカッションなどを行う。

リクルーターは採用活動において一定の役割を果たすが、面談することはあまりしない。採用試験への誘導係といった位置づけになっている。

夏休み期間中にインターンシップの受け入れを実施している。事務系は3日間で、技術系は2週間。事務系は営業職のイメージがわくような疑似体験・模擬体験を行う。

技術系は実際の職場に席を置き、社員の指導のもとに特殊鋼メーカーの業務を体験する。

入社後に配属される可能性のある部署は次の通り。

《事務系》生産管理、原材料、経理、人事・総務など

《技術系》研究開発、製造技術、設備技術など

新入社員は7月頃まで研修を行い、8月1日に正式配属となる。メーカーのため、工場内の職場や研究所への配属となるケースが多いが、初めから営業部や人事部などコーポレート部門に配属される場合もあり、その人の適性と各部署の人材ニーズを総合的に判断して、人材配置を行っている。

2016年10月に人事制度を変更して、エリアスタッフと呼ばれる一般職採用を再開した。

また、人材のダイバーシティ（多様化）も積極的に進めており、採用においては、ニーズに応じた外国籍社員の採用や、工場の現場採用含めた女性の採用が増えつつある。出産後ほとんどの女性が職場復帰しており、総合職に占める女性の割合は現在1割近くとなっている。

ダイバーシティ推進においては、社内人材の活性化も重要な取組みの1つであり、職場マネジメントをはじめ、個々人の能力開発、キャリア支援等を行い、一人ひとりが働きがいを感じられる取り組み、教育・育成の場を設け、力を入れている。

6 日立金属

面接・面談で日立金属とのマッチングを見る

日立金属では、採用内定までの流れは概ね次のとおりである。

《事務系》ES・WEBテスト→一次面談→二次面談→人事面接→最終面接

《技術系》ES・WEBテスト→一次面談→技術面談→最終面接（研究プレゼンテーションを含む）

事務系・技術系ともに3～4回の面談・面接があり、それが採用の決め手になっている。なお、技術系の推薦の場合、面談・面接は2回に減る。

同社の採用の特色は、じっくりと話をして人物重視の採用をしていることである。基本的に集団面接ではなく、個人面接で40分ほど話し込む形式をとっており、入社後に日立金属で力を発揮し成長していくことができるかどうか、を判定している。技術系はより専門的に、事務系は人事だけではなくさまざまな職種の先輩社員が応対し、幅広い視点から会社への理解を深めることができる。

WEBテストは、GABと呼ばれる適性検査が実施される。技術系の場合はこれに技術専門テストが追加される。

じっくりと話をするスタイルにこだわり、人物を選考

採用数の規模が変わっても同社はじっくりと話をするスタイルにこだわる。なぜか。

日立金属の社是に「龢則彊（わすればつよし）」という言葉がある。

この言葉は、付和雷同や単に仲良くなることではなく、一人ひとりの「個」の力を強め、その強い「個」が集まってこそ、会社として強い力を発揮するという意味である。常識にとらわれずに新しい発想・従来とは違った見方ができる人が重視されるということであろう。業界の先頭に立ち、新素材を供給し続けるためには個性豊かな力が必要とされているのである。そのような「個」となる人材を求めるために、同社は時間をかけて人物重視の採用を続けている。

同社では性別や国籍、専攻を問わず多様な人材が活躍しており、基本的に応募資格を制限せず、幅広く採用している。たとえば理工系の学部から事務系の職種を希望することも可能である。過去には水産学部や農学部から事務系職種として入社した社員もいたという。

配属は配属希望面談の内容を考慮し決定

事務系の職種としては、営業、生産管理、資材調達、経理、人事総務等がある。技術系の職種としては、研究開発、設計・製造技術（量産技術などを担当）、生産技術（生産設備などを担当）、品質保証、システムエンジニアがある。

配属は、10月の内定式後に実施する配属希望面談の内容を考慮して、入社前に決定・通知される。入社後は事務系、技術系を問わずすべての新入社員が研修施設で約1週間の新人研修を受けた後、それぞれの配属先もしくは実習先に赴任、更に工場にて一定期間実習を行う。その他、待遇等の詳細は同社採用情報ホームページに公表されている。

Chapter9

鉄鋼業界の歴史を知る

1 近代製鉄、まずは欧州が世界をリード

日本では「たたら製鉄」が普及

日本で鉄が利用され始めたのは縄文時代の終わり、紀元前5世紀から3世紀の間頃と言われる。弥生時代との説もある。まず中国大陸や朝鮮半島から鉄器が伝わり、弥生時代には鉄器の使用が広まった。古墳時代に利用が盛んになり、古墳時代に製鉄（鉄精錬）が広まったと考えられている。鉄を使うことと、鉄をつくることは別物である。

中国大陸や朝鮮半島では、塊状の鉄鉱石が豊富に採れたことから、それを使う製鉄法が普及したとされる。一方で日本では塊鉱石が乏しく、砂鉄を利用する「たたら製鉄」が開発されて普及した。

日本の鉄鉱石埋蔵量は数千万トンしかなく、世界全体の数千億トンと比べて非常に少ない。

イギリス製鉄業をドイツが追い抜く展開

近世になって、日本の製鉄技術の力は欧米におくれをとった。大きな流れとしては、まずは欧州が19世紀半ばにベッセマー転炉やトーマス転炉といった製鋼技術を開発するなど世界をリード。機械や鉄道など鉄の大量需要につながる産業革命が起きており、イギリスの製鉄業が世界をリードした。

その後、１９００年頃には、ベッセマー転炉にこだわるイギリスを、トーマス転炉を積極的に導入したドイツが生産量で追い抜いた。

やや専門的な説明になるが、ベッセマー転炉には低リンの赤鉄鉱が必要。鉄鋼需要が増え、赤鉄鉱の

供給が不足する中で、そのとき欧州大陸であまり使われていなかったミネット鉱の利用を可能にしたのがトーマス転炉だった。

リンが高いためにミネット鉱は未利用だったのだが、トーマス転炉では新しい耐火煉瓦を採用し、不純物であるリンを取り除くことを可能にした。それを積極的に活用したドイツが、イギリスを追い抜いたわけだ。

欧州の次は、米国が世界をリード

19世紀後半になると、世界鉄鋼業のリーダーは、欧州から米国に移り始めた。近代製鉄技術を確立したのは欧州だが、それを発展させたのは米国と言える。それは米国の五大湖地方で発見された鉄鉱石によるところが大きい。

19世紀半ばに、欧州ではスウェーデンでしか産出しなかった希少な鉱種である赤鉄鉱（ＢＩＦ系鉱石）が大量に発見されたのだが、その鉱石は他鉱種に比べて還元しやすく、不純物が少ないのが特徴だった。

つくられた鋼材は、米国で鉄道や鉄橋、船、大型建築物、そして後には自動車などに大量消費された。１８９０年代にはアメリカ鉄鋼業は欧州を凌駕し、20世紀は世界鉄鋼業を米国がリードする形で動いていった。

米国のあとは日本、その後中国が主導権

大きな流れとしては、鉄鋼業界の中心は「欧州↓米国↓日本↓中国」と移っていく。

米国鉄鋼業界は「20世紀後半にかけて衰退した」という表現が使われる。当時、米国に駐在した日本の鉄鋼業界関係者は「米国の鉄鋼メーカーは、設備と人に金をかけなくなった。研究開発にも金をかけずに技術開発を怠ったのを目の当たりにした」と語る。

これはどういうことだろうか？　少し考えてみたい。

20世紀前半を通じ、米国鉄鋼業は世界貿易から大

Chap.1 最新動向
Chap.2 海外事情
Chap.3 鉄鋼製品
Chap.4 流通販売
Chap.5 主要企業
Chap.6 注目企業
Chap.7 仕事人
Chap.8 採用動向
Chap.9 歴史

きく孤立されていたため、国内市場を支配していた8社の主要国内一貫メーカーは積極的に競争するための動機がほとんど存在しなかった。

新製品開発や低コストの生産技術のための投資を実施せず、国内一貫メーカーは価格操作によって高利益を求めるような状況だった。

鉄鋼需要が高まった1940年代から1950年代にかけても、より効率的な転炉を使用する新しい製鉄所が建設されることはなく、安い費用で新しく、しかし技術的には時代遅れの平炉が19世紀の産物である既存の製鉄所に増設されたこともあったほどだ。

こうした過ちによって、国内一貫メーカーは20世紀後半を通じて競争力の維持に悩まされることになる。

1960年代までに、非共産圏の鉄鋼生産国は、最新の技術を導入して鉄鋼産業を再建し、米国市場に高品質で低コストの鋼材を供給し始めていた。その結果、需要増に応じて鉄鋼輸入は増加を見せた。米国メーカーが、転炉や連続鋳造などの新技術に投資をしていれば、こうした国際競争にも対応できたはずだが、そうではないやり方をとった。

それが何かと言えば、米国の消費者が輸入材を買うことを阻止し、ユーザーに負担を課すような一連の貿易障壁を打ち立てたのだ。

加えて、自社の財務悪化を乗り切って非効率的な設備を休止しなくてもいいように、連邦政府から数十億ドルという補助金を確保した。

こうしたやり方は、短期的には鉄鋼メーカーにプラスに働くように見えるが、中長期での力を落とし、米国経済全体にコストを押しつけることを意味した。それが米国鉄鋼業が衰退した歩みであり、日本鉄鋼業が歩んではいけない道である。

2 日本の高炉製鉄業は釜石、八幡から

江戸時代は、8割が中国地方のたたら製鉄

日本の近代製鉄業は１８５７年（安政４年）12月1日、岩手県の釜石で、日本で初めて鉄鉱石を用いた日本初の洋式高炉による初出銑が成功したことに始まる。盛岡藩士の大島高任（おおしまたかとう）が近代製鉄に挑んで連続出銑に成功した。大島高任の指導により、釜石市の橋野にわが国最初の様式高炉３基が建設された。橋野鉄鉱山で採掘された鉄鉱石を水車の力で破砕し、高炉原料としていた。初成功を記念し、12月1日は今でも「鉄の記念日」となっている。黒船来航の翌年のことで、日本は海防を固めるために大砲鋳造の材料となる大量の鉄を必要としていた。

それまで日本での鉄づくりは、「たたら製鉄」「たたら吹き」と呼ばれる方法だった。これは、砂鉄と木炭を原料としてつくるもの。これで農機具や日本刀などをつくっていた。炉内の温度が低いために鉄が固体状態で生成されるが、取り出すときには1回ごとに炉を壊さなければならないため、ごく小規模の生産しかできないという限界があった。

江戸時代に生産され、国内で流通していた鉄は、1年間で1万トンくらいと推定されている。そのうち約80％は山陰地方を中心とする中国地方が占めていたとされる。なお江戸時代の鉄の用途の7割は農具だった。

中国山地は「真砂砂鉄」と呼ばれる良質の砂鉄と、豊かな森林資源に恵まれ、古くから「たたら製鉄」が盛んな地域だった。特に中国山地の奥出雲では、

たたら製鉄によく合う砂鉄と木炭が多く採れた。同じ中国地方の中でも、山陰でなく山陽（瀬戸内側）側は、砂鉄が採れたことは採れたが、鋼になりにくい砂鉄が多かった。砂鉄の集め方は「鉄穴（かんな）流し」という方法だった。鉄穴流しは、まず砂鉄を含んだ山をくずし、土砂を水路を使って4つの池を通しながら流す。流れるうちに、軽い土や砂は下流に流れ、重い砂鉄は池の底にたまる。比重の原理だ。底にたまった砂鉄を、すくって集めていた。

＊島根県安来市に、平成5年春に開館した和鋼博物館がある。ここは、たたら製鉄に関する総合博物館で、日本の鉄づくりの歴史を垣間見ることができるため、興味のある読者に訪問をお勧めしたい。

高殿模型
都合山（つごうやま）たたら、高殿の模型〈左側に経つ人は村人（むらげ）さん〉　写真提供：和鋼博物館

操業の様子（靖国たたら）　写真提供：和鋼博物館

たたら製鉄でつくられる鉧（けら）から取り出された玉鋼（たまはがね）　写真提供：日本美術刀剣保存協会

岩手県釜石で、大島高任がわが国初の高炉生産

たたら製鉄と違って洋式高炉は、鉄鉱石を原料として高温で生成するため溶融状態で取り出すことができることが大きな違いで、連続操業が可能となったことで後々の大量生産へと発展していく。

その後、明治政府は釜石に官営の鉱山と製鉄所を建設（1880年＝明治13年、官営釜石鉱山製鉄所を開所、現・日本製鉄釜石製鉄所の前身）したが、これはうまくいかなかった。日本の原料事情に疎い技術者に頼ったために、高炉操業が不調に終わったとされている。コークスではなく木炭を還元材にするオランダから学んだ製鉄法だったためにうまくいかなかったとされている。

1882年（明治15年）に同所が閉鎖された後、1885年に民間人の田中長兵衛という実業家に釜石鉱山などが払い下げられた。翌1886年には49回目の挑戦で念願の高炉操業に成功して、1887年に釜石鉱山田中製鉄所を設立した。そして189

釜石の橋野高炉跡
3基のうち、最後まで稼動した3番高炉跡

釜石の橋野高炉絵巻（岩手県指定文化財）
近代製鉄初期の精錬技術をはじめ、製造工程、設備概要、就業状況などを和紙絵巻に記録
（この画像は当時の出銑作業）

4年、日本で初のコークスによる銑鉄製造を成功させた。それまで鉄の還元材は木炭だったが、コークスが使われるようになったことが大きな変化だ。

参考までに釜石のその後の歩みとしては、1903年（明治36年）に民間最初の製鋼一貫体制を確立。その後は田中鉱山株式会社釜石鉱業所、釜石鉱山株式会社釜石鉱業所と名称が変わり、のちに述べる1934年（昭和9年）に他社と合同、日本製鉄の一部となる。

日清戦争後に官営八幡製鉄所建設

日清戦争などが起こり、列強諸国の脅威が高まる中、明治政府は軍事的独立性を保つ観点から、国内鉄鋼生産の少なさや脆弱性・後進性に危機感を持っていた。それを解消するために富国強兵を目的とする富国殖産政策をとることになり、官営製鉄所の建設を計画した。日清戦争に勝利した日本は清国から2億両（テール）という莫大な償金を獲得したため、その資金を充てることで製鉄所の建設が実現できた面がある。

1897年（明治30年）、背後に筑豊炭田があって原料採掘に有利なロケーションであり、かつ海陸輸送にも便利と判断した福岡県の八幡村を建設立地に決めた。同年6月に開庁、1901年2月に、日本最初の大型160トン高炉に歴史的な火入れをして、官営八幡製鉄所は操業を開始した。これが現在の日本製鉄八幡製鉄所の前身である。

当初はドイツの設計が日本の資源状況に適さず、操業不調が続いたが、数々の自前技術を確立し、1910年（明治43年）に年産10万トンを超えるなど操業が軌道に乗った。このあたりについての詳しい内容は、『官営八幡製鉄所物語』（一柳正樹著、鉄鋼新聞社刊）を参照されたい。この本は、八幡製鉄所の創立から製鉄合同までの40年間を克明に綴った貴重な史料となっている。

なお、幕末から明治時代にかけて日本の近代化に貢献した産業遺産群「明治日本の産業革命遺産　製鉄・製鋼、造船、石炭産業」は、ユネスコ世界遺産委員会において、世界文化遺産に登録決定されている。八幡製鉄所は、この産業遺産群に含まれている。

官営八幡製鉄所が生産を開始したものの、当時の鋼材供給は大半が輸入で賄われていた。特に日露戦争後の鉄鋼需要増加は著しく、官営八幡製鉄所は3度にわたる拡張工事を実施したが需要増に追いつけず、民間資本による鉄鋼企業の勃興が必要となっていた。政府は1917年（大正6年）に製鉄業奨励法を制定し、営業税・所得税の免除、必要設備の輸入税の免除などの優遇措置を実施した。この優遇策と第一次世界大戦による好況で多数の製鉄会社が設立され、既存の製鉄会社は規模を拡張して民間製鉄所の生産能力は大幅に増加した。

第一次世界大戦を経て、日本の工業水準は大いに高まり、工業化に欠かせない鉄鋼の需要は一段と増えた。さらに、量的にも質的にも鉄鋼の自給自足が強く望まれるようになった。しかし、官営八幡製鉄所には官営であるがゆえの種々の制約があり、一方で民間の製鉄所は中小企業が分立・対立して、いずれもこれ以上の発展は望めない状況となっていた。

加えて1929年（昭和4年）の世界大恐慌に端

九州製鉄所八幡地区
北九州市の若松区方面から撮影。真ん中が洞海湾
写真提供：日本製鉄株式会社九州製鉄所

を発する不況で生産コストが高くなり、また、将来の需要増加に対応するために巨額の拡張資金が必要になった。こうしたことから日本の製鉄業を強固にするためには、官営八幡製鉄所を中心として民間の製鉄所を1つにする「製鉄合同が必要」との機運が高まった。

半官半民の国策会社、日本製鐵が発足

1933年（昭和8年）4月、政府は、日本の製鉄事業の基礎を強固にし、豊富な鉄鋼の供給を行うことを設立の趣旨として日本製鐵株式会社法を公布した。それは高度な公共性を持つ半官半民の国策会社だった。1934年、官営八幡製鉄所、輪西製鉄、釜石鉱山、三菱製鉄、富士製鋼、九州製鋼の1所5社が合同して日本製鐵株式会社が発足した。のちに東洋製鉄と大阪製鉄の2社が加わり、製鉄大合同は1所7社の合同となった。発足した日本製鐵の国内シェアは銑鉄96％、粗鋼52％、普通鋼鋼材44％だった。

１９４１年（昭和16年）、日本は第二次世界大戦（太平洋戦争）に突入した。日本は甚大な被害を受けたが、鉄鋼業界も例外ではなく、生産設備の約２割が被害を受けた。その後、敗戦のときには戦前の１割以下の50万トン程度の生産能力しか残っていなかったようだ。外貨が不足し、原料となる鉄スクラップも十分に調達できない状態からの再出発を余儀なくされた。当時の鉄鋼生産は米国からの鉄スクラップ輸入によって成り立っていたため、外貨不足、商船隊の消失、海洋輸送の遮断は鉄鋼生産に致命的に響いた。

ちなみに戦時下では、鉄鋼業は軍需産業の位置づけだ。戦時中の最盛期である１９４３年（昭和18年）には、35基（他に未稼働が2基）の高炉が火を吹いていたという。それが終戦時になんとか火を吹いていたのが9基だけ。これらも終戦直後から次々と火を消し、１９４６年末に細々ながら火が入っていたのは、日本製鐵八幡の3基だけとされる。

生産量を見ても、戦時中の最盛期に銑鉄４２５万トン、鋼塊７６５万トンだったものが、昭和21年にはわずかに銑鉄20万トン、鋼塊55万トン。壊滅状態に陥ったと言える。ゼロからの出発となったが、「傾斜生産方式」と呼ばれた「石炭鉄鋼超重点増産計画」（昭和21年12月閣議決定）により、戦後鉄鋼業が復興していくことになる。

戦後に日本製鐵解体。八幡製鉄と富士製鉄が発足

日本製鐵は、第二次世界大戦後にはＧＨＱ（連合軍総指令部）によって過度経済力集中排除法（集排法）の適用に該当するとされて分割が決定した。１９５０年（昭和25年）4月1日、日本製鐵は財閥解体の対象となり、八幡製鉄、富士製鉄、日鉄汽船、播磨耐火煉瓦の4社に分割され、それぞれの道を歩むことになった。

八幡製鉄、富士製鉄の歩みは、次の項で説明する。なお、こうした矢先の同年6月に朝鮮動乱が勃発し、大量の特需を日本にもたらして一大好況へと変貌。トラック、機関車、レール、ドラム缶など、鉄および鉄の加工品が大いに必要とされた。

3

世紀の大合併、新日鉄誕生は約50年前

高度成長時代はリーディング・インダストリー

日本鉄鋼業は、高度成長時代のリーディング・インダストリーとして驚異的な規模の拡大を実現した。1956年（昭和31年）の日本の粗鋼生産量は、アメリカ、ソ連、西ドイツ、イギリス、フランスに次ぐ6位で、世界総生産に占める割合は3・8％にとどまっていたが、1959年にはフランスを抜いて5位に。1961年にはイギリスを抜き第4位になり、1964年には西ドイツを抜いて、アメリカ、ソ連に次ぐ3位となった。

ちなみに1964年の世界鉄鋼メーカー生産量ランキングを見ると、1位がUSスチール（米国）で2942万トン、2位がベスレヘム（米国）で1762万トン。八幡製鉄は5位で768万トン、富士製鉄は9位で615万トン。上位10社のうち、米国メーカーが7社を占めていた。

1970年（昭和45年）度の全国粗鋼生産量は9240万トンと1955年（昭和30年）に比べ約10倍に急増。さらに1973年には1億2001万トンと20世紀のピークに達し、生産額、就労人口で、ともにわが国全製造業の約1割を占めるまでに成長した。この間の急速な伸びは世界の他の国を大きく引き離した。

こうした中で、業界1位の八幡製鉄（現日本製鉄）、それを追う2位の富士製鉄（同）、3位の日本鋼管（現JFEスチール）、さらに住友金属工業（現日本製鉄）、川崎製鉄（現JFEスチール）、神戸製鋼所、日新製鋼といった高炉メーカー間の設備拡張争いが

激化。量の拡大が、必ずしも収益の拡大につながらない競争状態が日常化し始めた。１９７０年代の資本自由化が目前に迫る中で、そうした過当競争的状況に危機感を抱いていた稲山嘉寛八幡製鉄社長、永野重雄富士製鉄社長が、世紀の大合併を決断する。

１９７０年（昭和45年）３月31日に発足した合併会社は資本金２２９３億円、従業員数８万２０００人。粗鋼生産能力は４１６０万トン。73年度の生産シェアは35・７％（その年の生産量は３２９８万トン）。実生産量で見ると、73年度には最高の４０９８万トンを記録。粗鋼生産量で米国のＵＳスチールを抜いて世界一となる鉄鋼メーカーが誕生した。

合併が行われた１９７０年は、日本にとって転機の年でもあった。日本経済は拡大の一途をたどり、この年の７月まで57カ月にわたって続くいざなぎ景気の真っ只中にあった。長い好況に加え、大阪で開催された日本万国博覧会が景気を一層盛り上げ、日本の国際的地位の向上が世界の注目を浴びた。しかし万博も終盤となった１９７０年の秋には、景気はかげりを見せ始め、不況感が急速に高まった。

１９７１年８月にはアメリカのニクソン大統領がドル防衛のためにドルと金の交換を停止した。それに続くスミソニアン体制で、円は１ドル３６０円から３０８円に大幅に切り上げられ、日本の輸出競争力は大きく減衰した。日本はいよいよ１９７０年代の激動の時代に入り、高度成長を牽引した重厚長大産業もついに厳しい状況に入っていった。

鉄鋼業界も例外ではいられず、１９７３年の第一次オイルショックは大きな打撃となった。新日本製鉄（当時）では１９７８年から１９８７年にかけて４度にわたる合理化計画を実施した。１９８９年には釜石製鉄所で第一高炉をはじめとする鉄源設備が休止となり、１８８６年（明治19年）以来稼働し続けた高炉の火が消え、釜石は鉄源設備を持たない単圧製鉄所になった。

新日本製鉄（当時）の全国粗鋼生産シェアは発足以来、低下の一途をたどった。１９７９年度に初めて３割を切って29・７％になったが、過去最低の粗鋼生産シェアは96年度と98年度の25・５％となった。

【巻末データ】鉄鋼メーカーの国内生産シェア（19年度）

H形鋼

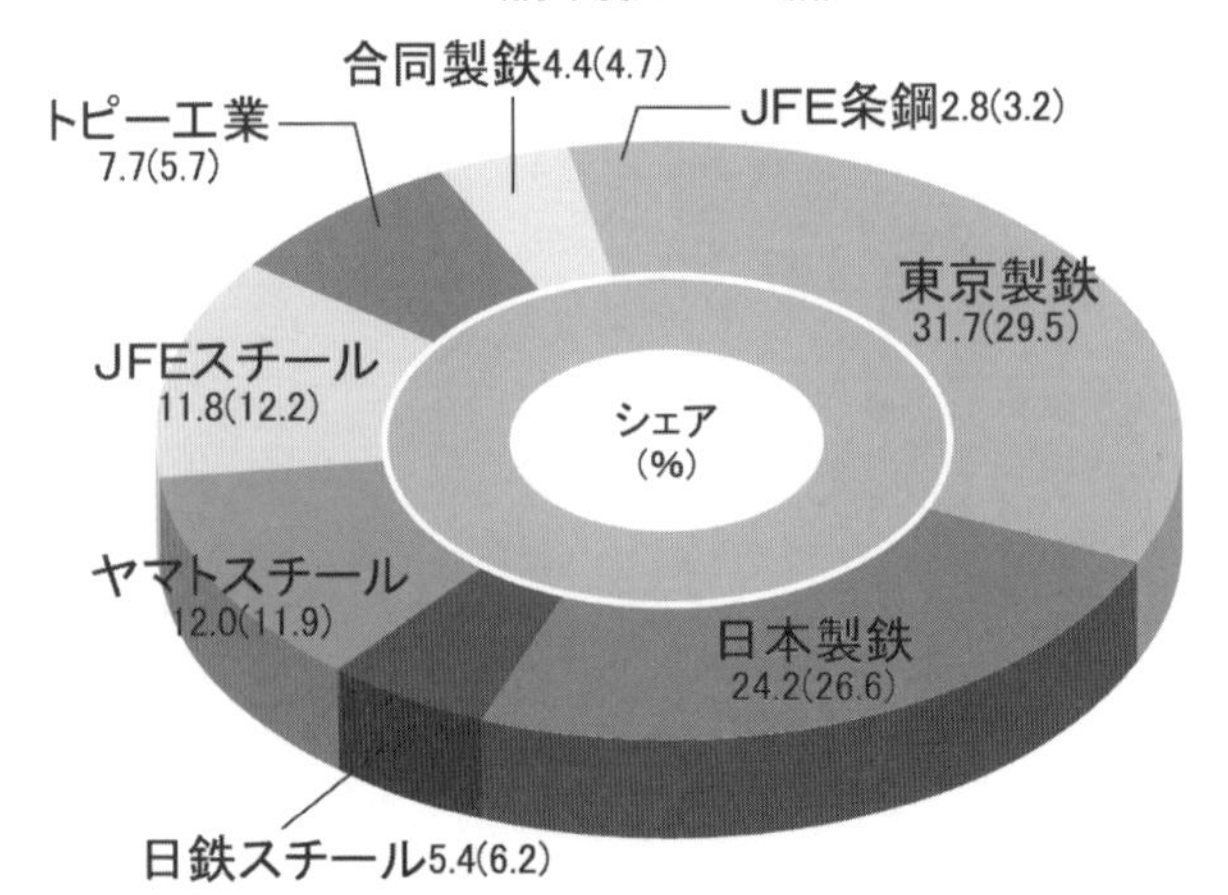

カッコ内は前年度シェア

熱延コイル

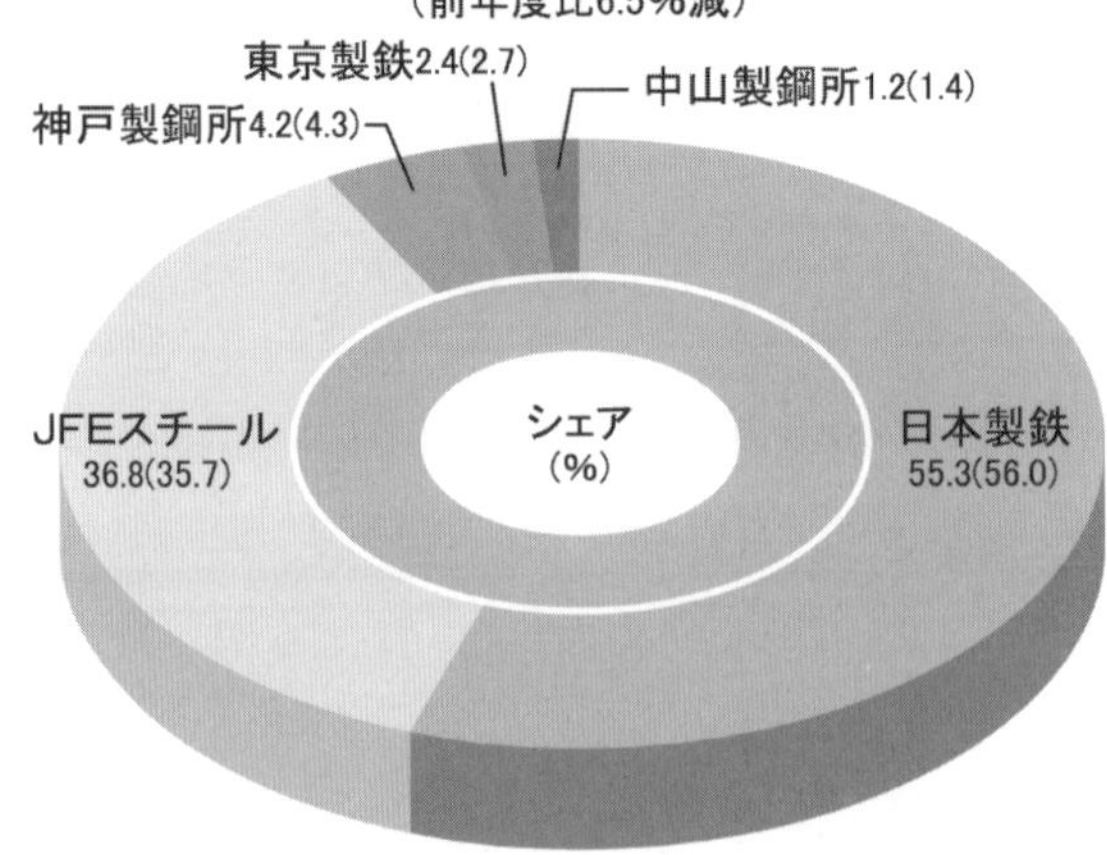

※冷延電気鋼帯用を除く　カッコ内は前年度シェア
※日本製鉄は旧日鉄日新製鋼を含む

電縫鋼管（普通鋼）

生産量：288.1万トン
（前年度比10.0％減）

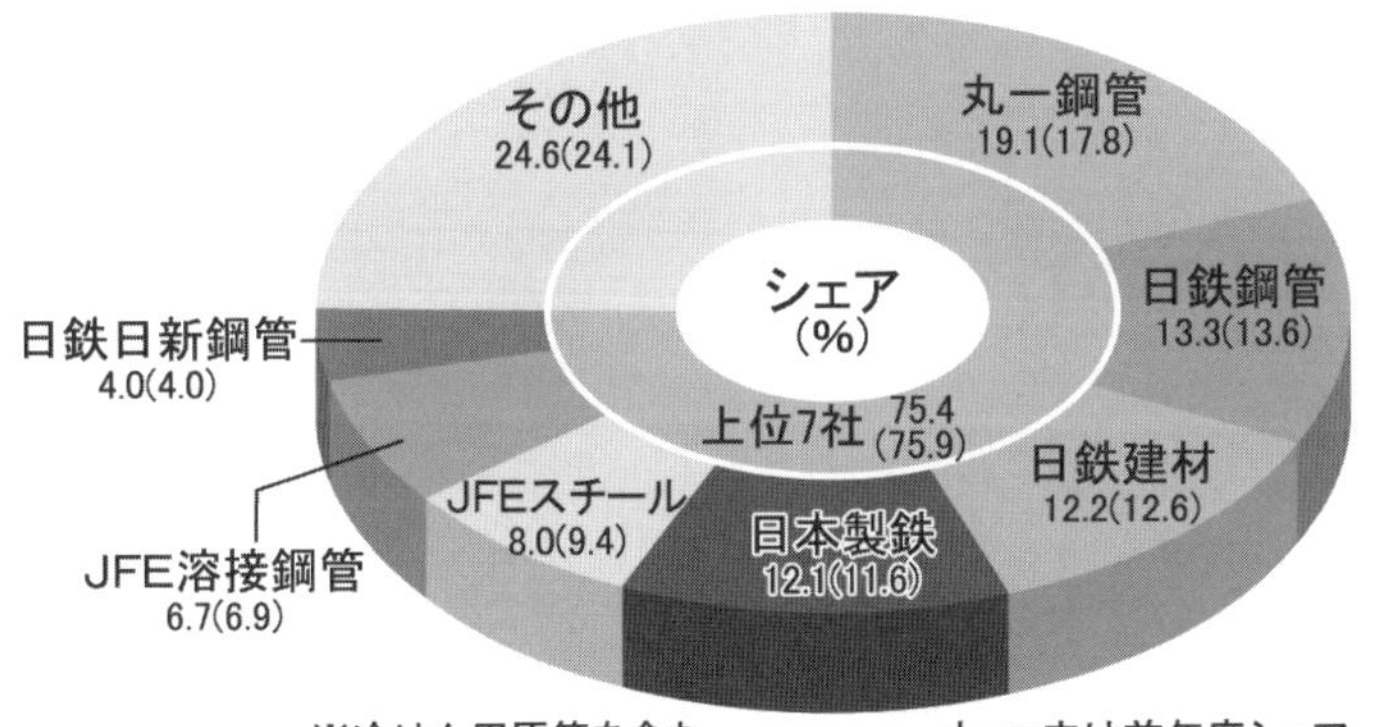

※冷けん用原管を含む　　　　カッコ内は前年度シェア
※日鉄日新鋼管は20年4月から日鉄めっき鋼管に社名変更

厚中板

生産量：983万トン
（前年度比6.8％減）

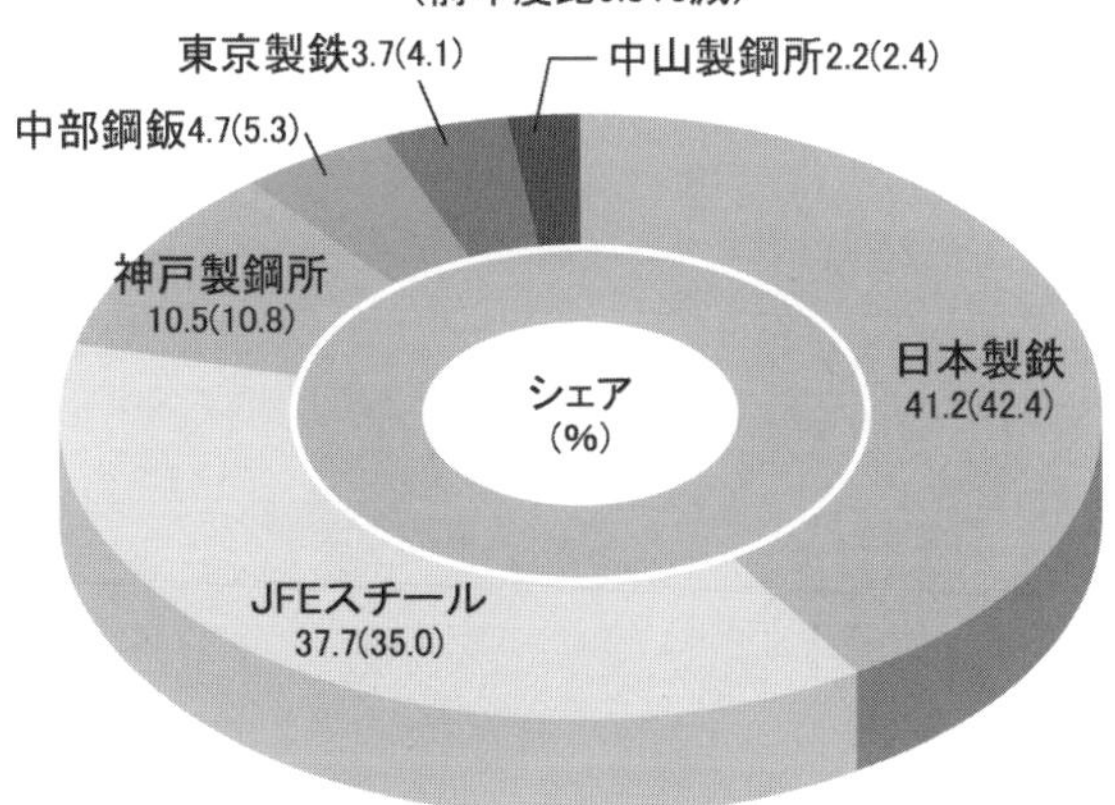

※一部薄板を含む　　　カッコ内は前年度シェア

小形棒鋼

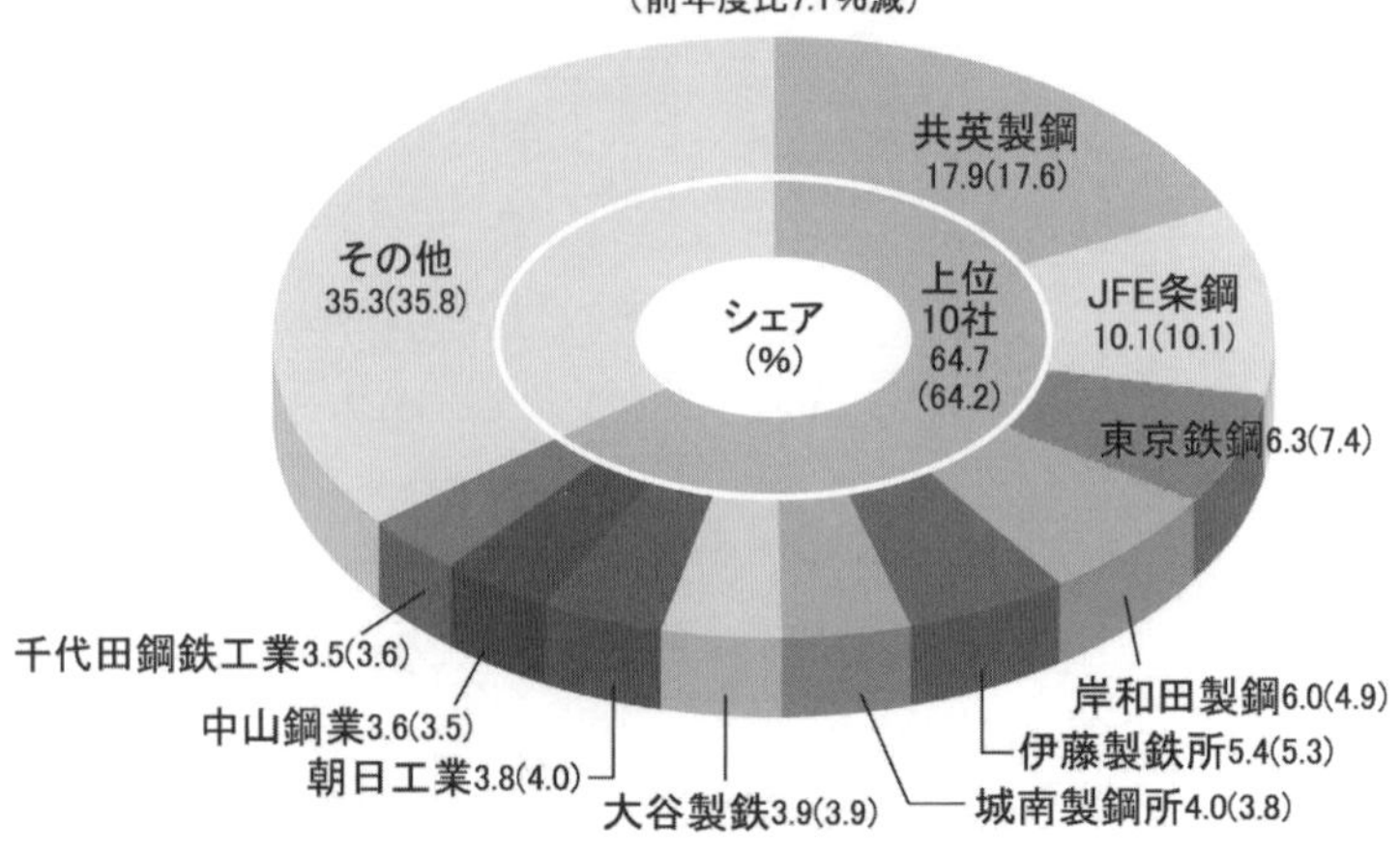
生産量：802.7万トン
(前年度比7.1%減)
共英製鋼
17.9(17.6)
JFE条鋼
10.1(10.1)
東京鉄鋼6.3(7.4)
岸和田製鋼6.0(4.9)
伊藤製鉄所5.4(5.3)
城南製鋼所4.0(3.8)
大谷製鉄3.9(3.9)
朝日工業3.8(4.0)
中山鋼業3.6(3.5)
千代田鋼鉄工業3.5(3.6)
その他
35.3(35.8)
シェア
(%)
上位
10社
64.7
(64.2)
＊共英製鋼は関東スチールを含む
カッコ内は前年度シェア

普通線材

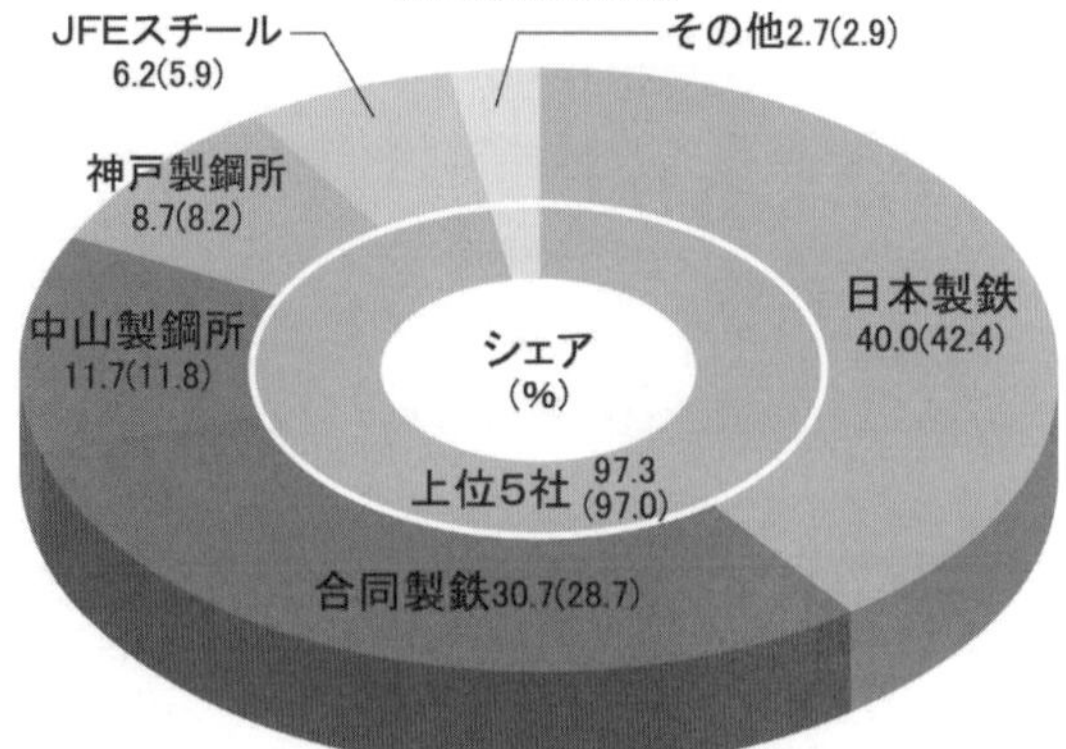
生産量：95.3万トン
(前年度比7.3%減)
JFEスチール
6.2(5.9)
その他2.7(2.9)
神戸製鋼所
8.7(8.2)
中山製鋼所
11.7(11.8)
日本製鉄
40.0(42.4)
シェア
(%)
上位5社 97.3
(97.0)
合同製鉄30.7(28.7)

※バーインコイルを含む　　カッコ内は前年度シェア

鋼矢板

生産量：59万㌧
（前年度比5.5%減）

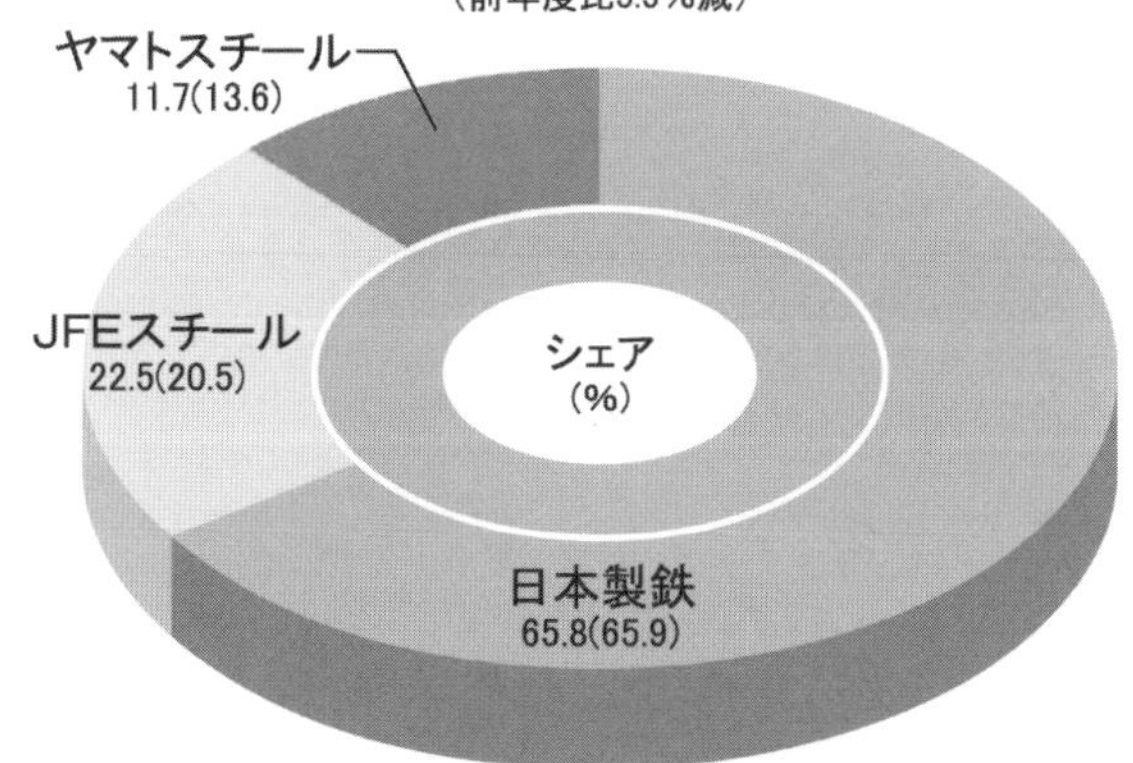

カッコ内は前年度シェア

継目無鋼管

生産量：129.8万㌧
（前年度比5.7%減）

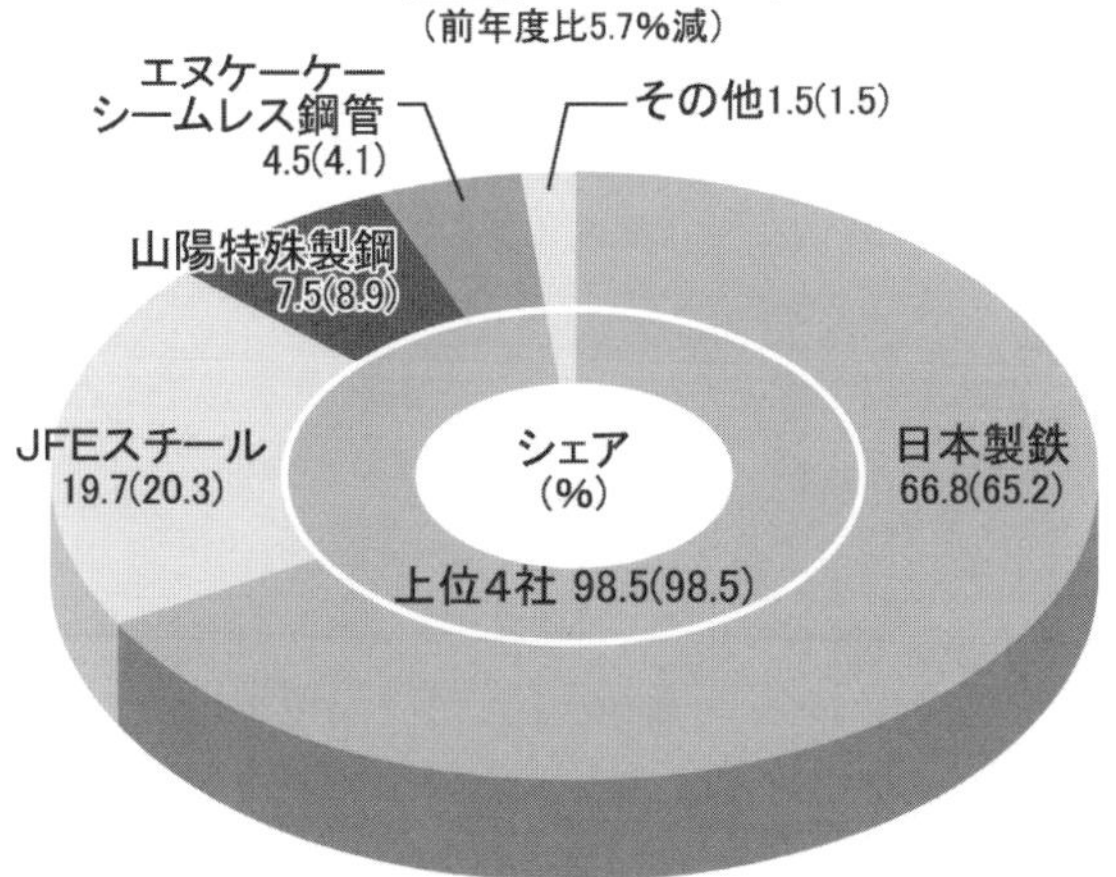

※熱間、冷けん用原管を含む　カッコ内は前年度シェア

【著者紹介】

一柳 朋紀（いちやなぎ・ともき）

1970 年、埼玉県浦和市（現さいたま市）生まれ。
1992 年、慶應義塾大学経済学部卒業後、住友商事株式会社に勤務し、財務や経理を担当。シンガポール駐在となる。
1999 年、金属業界の専門紙「日刊鉄鋼新聞」を発行する株式会社鉄鋼新聞社に入社。鉄鋼部長、常務取締役を経て現在は代表取締役社長兼編集局長。
鉄スクラップ業界団体である日本鉄リサイクル工業会の理事や、JRCM（金属系材料研究開発センター）の評議員選定委員会委員などを務めている。

【鉄鋼新聞ホームページ、メールアドレス】
http://www.japanmetaldaily.com
info@japanmetaldaily.com

鉄鋼業界大研究［第2版］

初版 1刷発行●2021年 2月25日

著 者
一柳 朋紀

発行者
薗部 良徳

発行所
㈱産学社
〒101-0061 東京都千代田区神田三崎町2-20-7 水道橋西口会館
Tel.03（6272）9313 Fax.03（3515）3660
http://sangakusha.jp/

印刷所
㈱ティーケー出版印刷

ISBN 978-4-7825- 3555-4 C0036